U0052219

簡單有型

無拉鍊設計的一日縫紉

簡單有型的 鬆緊帶 褲&裙

Boutique-sha ◎著

無拉鍊設計的一日縫紉
簡 單 有 型 的 鬆緊帶褲 & 裙

不需要縫製複雜又困難的拉鍊，

就可以手作出時尚的褲子＆裙子，

製作簡單又符合潮流！

本書收集了許多

腰部為鬆緊帶設計的款式。

可以將上衣紮進去，

刻意露出腰間的鬆緊帶，

讓穿搭時既顯瘦又時尚喔！

Contents

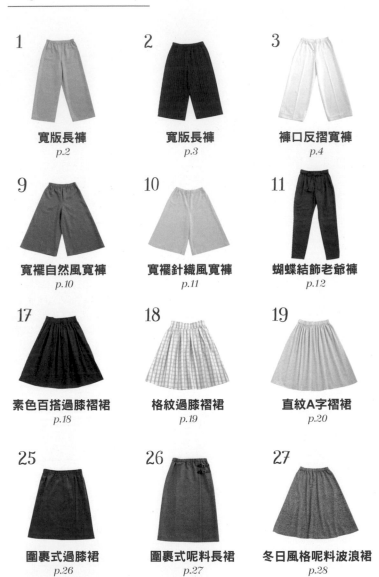

◆ 關於本書刊載的作品尺寸和紙型

· 本書紙型可以使用或應用在書中介紹的作品（部分直線作品除外）。
請參考P.33紙型的使用方法，並以描圖紙描繪紙型。

· 原寸紙型共有S‧M‧L‧LL等四種尺寸，應用款式請依照製作方法修
正紙型尺寸再使用。

1

寬版長褲

長度及踝的寬版長褲，
可以隱藏腿部線條並修飾體型。
淡灰色的布料，不管搭配什麼顏色的
上衣都極具魅力。

製作方法... *p.36*

布料 ♦ 布地のお店Solpano

製作 ♦ 小林久江

上衣⋯e.r.g*
圍巾⋯FURLA（MOONBAT）
耳環⋯imac
鞋子⋯銀座華盛頓銀座本店

2

寬版長褲

將 *p.2* 的長度改成七分的寬版長褲。
深藍色布料搭配白色直條紋，
給人洗練的清爽感覺。
後片的口袋以橫條紋增添了變化性。

後片的貼式口袋設計，不會讓臀部線條突顯。

製作方法... *p.36*

布料 ♦ 布地のお店Solpano
製作 ♦ 小林久江

襯衫…cepo 襪子…靴下屋 鞋子…DIANA（DIANA銀座本店）

3

褲口反摺寬褲

褲管的下襬反摺充滿了設計感,
展現出海洋風情的穿搭。
寬鬆的設計不但穿起來舒適,
搭配性也非常優異。

製作方法...*p.38*

製作 ♦ 小林久江

外套…prit 項鍊…Aleksia Nao（imac）
鞋子…DIANA（DIANA銀座本店）

4

打褶寬版長褲

非常適合秋冬的溫暖磚紅色褲款，
將 *p.4* 的長度改短，
顯露颯爽風格。
再挑選色彩相配的鞋襪，
搭配出潮流感。

製作方法... *p.38*

布料 ◆ 服地のアライ

製作 ◆ 小林久江

毛衣…e.r.g*
襪子…靴下屋／Tabio
鞋子…DIANA（DIANA銀座本店）

5

吊帶寬版長褲

中性風格的帥氣吊帶長褲，
拆下吊帶設計後，
就變身為簡潔的寬版長褲。
搭配輕薄的黑色丹寧布，四季都好搭。

製作方法... *p.44*

布料 ♦ homecraft

製作 ♦ 小林久江

帽子…CHARM HATTER（MOONBAT）
襪子…靴下屋／Tabio
鞋子…DIANA（DIANA銀座本店）

6

格紋七分寬褲

以傳統經典的格紋圖案，
作成高人氣的寬版七分褲。
寬版的設計
也可以當成褲裙般的造型。

製作方法... *p.41*

布料 ♦ 布地のお店Solpano
製作 ♦ 太田順子

製作很簡單的口袋款式。

別針…imac 襪子…靴下屋／Tabio 鞋子…銀座華盛頓銀座本店

7

細褶七分寬褲

可以修飾腿部線條的
鬆緊帶寬版七分褲，
不但好穿，也很適合各種體型。
還附有很便利的口袋設計。

製作方法... *p.41*

布料 ♦ 布地のお店Solpano

製作 ♦ 太田順子

上衣…e.r.g*
帽子…FURLA（MOONBAT）
別針…MDM
鞋子…DIANA（DIANA銀座本店）

8

印花褲裙

將p.8的寬褲改短，
作成清爽的膝上長度。
使用高雅的提花織紋布，
不會太過休閒，能展現時尚質感。

製作方法... p.41

布料 ✦ 布地のお店Solpano

製作 ✦ 太田順子

上衣…e.r.g*
項鍊…Sea Rose JEWEL（imac）
鞋子…銀座華盛頓銀座本店

9

寬襬自然風寬褲

分量十足的寬襬自然風寬褲，
穿起來就像裙子般，
非常適合成熟風格的女子。
為了避免款式太厚重，建議採用麻質布料。

製作方法... *p.46*

布料 ♦ 清原

製作 ♦ 吉田みか子

上衣…e.r.g*
脖圍…FURLA（MOONBAT）
襪子…靴下屋／Tabio
靴子…銀座華盛頓銀座本店

10

寬襬針織風寬褲

採用具有垂墜感的針織布，
展現出美麗輪廓的七分寬褲。
明亮的米色系，
對於各色上衣都很好搭喔！

製作方法... *p.46*

布料 ◆ 布地のお店Solpano

製作 ◆ 吉田みか子

襯衫・背心…cepo
帽子…FURLA（MOONBAT）
靴子…DIANA（DIANA銀座本店）

11

蝴蝶結飾老爺褲

沿著腰圍往下，輪廓越細長的老爺褲，
腰部加上了雙褶襉，背面為鬆緊帶款式。
帶點寬鬆感的設計非常好穿。
好搭又簡約的線條展現成熟雅致的魅力。
相同布料的蝴蝶結也非常醒目。

製作方法... *p.48*

布料 ♦ コスモテキスタイル（AD22000-259）
製作 ♦ 渋澤富砂幸

襯衫…cepo
項鍊…imac
靴子…銀座華盛頓銀座本店

12

格紋老爺褲

給人年輕感覺的黑白格紋圖案布，
作出這款充滿休閒風的老爺褲。
將p.12的款式縮短成及踝長度。
稍微露出的彩色襪子
正是現在流行的感覺呢！

製作方法... *p.48*

布料 ◆ KOIZUMI LIFETEX

製作 ◆ 渋澤富砂幸

上衣…e.r.g*
項鍊…MDM
襪子…靴下屋／Tabio
鞋子…DIANA（DIANA銀座本店）

13

縮腳褲

下襬加上鬆緊帶設計的中性風縮腳褲，
應用 *p.12* 的紙型，
選用了適合製作長褲的
棉質斜紋布。
不論什麼季節都非常好搭。

製作方法... *p.52*

布料 ◆ コスモテキスタイル（AD22000-55）
製作 ◆ 渋澤富砂幸

襯衫・背心…cepo
耳環…MDM
鞋子…DIANA（DIANA銀座本店）

14

及膝五分褲

附有腰帶環及雙褶襉的設計，
看起來有種正式感的五分褲，
因為沒有拉鍊，所以很簡單就能完成了！
讓雙腿更加修長的膝上長度，
將整體比例修飾得更加完美。

製作方法... *p.48*

布料 ♦ 服地のアライ

製作 ♦ 渋澤富砂幸

開襟外套…prit　長襪…靴下屋／Tabio　鞋子…銀座華盛頓銀座本店

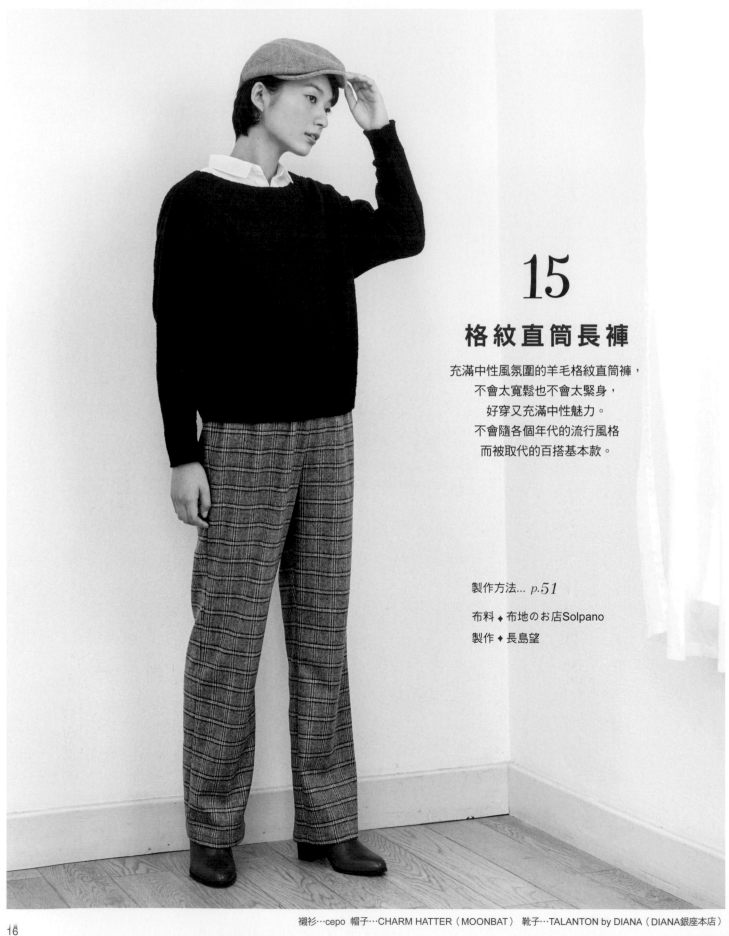

15

格紋直筒長褲

充滿中性風氛圍的羊毛格紋直筒褲，
不會太寬鬆也不會太緊身，
好穿又充滿中性魅力。
不會隨各個年代的流行風格
而被取代的百搭基本款。

製作方法... *p.51*

布料 ♦ 布地のお店Solpano
製作 ♦ 長島望

襯衫…cepo 帽子…CHARM HATTER（MOONBAT） 靴子…TALANTON by DIANA（DIANA銀座本店）

16

直筒八分褲

可以露出纖細腳踝的
時尚直筒褲款。
擁有大大的口袋可以盛裝物品,非常方便!
選用了聚酯纖維混紡的丹寧布當主素材。

製作方法... *p.54*

布料 ♦ homecraft
製作 ♦ 長島望

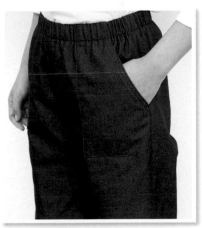

口袋口也細緻的壓上裝飾線。

17

素色百搭過膝褶裙

清純優雅的深藍色褶裙。
搭配輕薄的棉質素材，
讓款式不會太過厚重，並保有蓬鬆感。
上衣紮在裙內，
可顯露出修長的比例。

製作方法... *p.56*

布料 ◆ 清原

製作 ◆ 寺杣ちあき

脖圍…CHLOE（MOONBAT）
襪子…靴下屋／Tabio
鞋子…DIANA（DIANA銀座本店）

18

格紋過膝褶裙

以普普風的手繪格紋圖案布料，
設計出俏皮可愛的褶裙款式。
將p.18的長度稍稍的改短了一些。

製作方法... p.56

布料 ♦ ヨーロッパ服地のひで

製作 ♦ 寺杣ちあき

上衣…e.r.g*
項鍊…MDM
襪子…靴下屋／Tabio
鞋子…銀座華盛頓銀座本店

19

直紋A字褶裙

鬆緊帶營造出的寬鬆感，
搭配細長條紋的絕妙組合。
初學者也可以輕鬆挑戰製作的
簡單有型款式。

製作方法... *p.58*

布料 ♦ ヨーロッパ服地のひで

製作 ♦ 寺杣ちあき

項鍊…Sea Rose JEWEL（imac）
襪子…靴下屋／Tabio
鞋子…DIANA（DIANA銀座本店）

20

北歐印花A字褶裙

以北歐風的樹木印花布料
作成的可愛A字裙。
使用4公分左右的寬版鬆緊帶，
將上衣紮在裙內，就能展現流行風格。

製作方法... *p.58*

布料 ♦ ヨーロッパ服地のひで

製作 ♦ 寺杣ちあき

毛衣…e.r.g*
帽子…maternal（MOONBAT）
襪子…靴下屋／Tabio
靴子…DIANA（DIANA銀座本店）

21

針織布料直筒裙

脇邊設計了口袋，並加上腰繩點綴，
看起來非常可愛的裙款。
條紋圖案的直筒裙，
使用具伸縮性的針織布料，
不但行動方便，穿著時也很舒適。

製作方法... *p.60*

布料 ◆ ヨーロッパ服地のひで

製作 ◆ 加藤容子

T恤…cepo
襪子…靴下屋／Tabio

上衣…prlt
耳環・項鍊…MDM
鞋子…銀座盛頓銀座本店

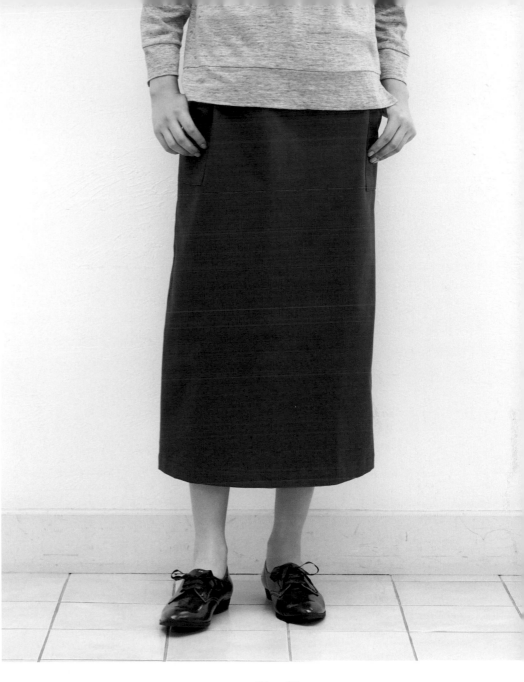

後中心下襬有開叉設計。

22

後開叉直筒裙

線條筆直的長版直筒裙，
考慮到行走時的便利性，後身片加上開叉設計。
將p.22的長度加長，就變成了適合大人的成熟款式。

製作方法... *p.62*

製作 ◆ 加藤容子

23

英式經典八分褶裙

前片搭配了活褶設計，
極具蘇格蘭風情的褶子裙。
下襬刻意別上別針裝飾，
能讓人感受到學院派風格的氣息。

製作方法... *p.64*

布料 ✦ 布地のお店Solpano

製作 ✦ 太田順子

毛衣…e.r.g*　襪子…靴下屋／Tabio　鞋子…銀座盛頓銀座本店

24

紅色優雅過膝褶裙

優雅的美麗過膝褶裙
使用了能吸引眾人目光的紅色系。
前片上方的活褶壓上了裝飾線，
讓裙身看來富有簡潔清爽的正式感。

製作方法... *p.64*

布料 ◆ 布地のお店Solpano
製作 ◆ 太田順子

耳環…imac
靴子…DIANA（DIANA銀座本店）

25

圍裹式過膝裙

圍裹式設計的裙款，
不對稱的感覺，
更顯時尚有型。
選用了細條的溫暖燈芯絨材質。

製作方法... *p.67*

布料 ✦ 布地のお店Solpano

製作 ✦ 田丸かおり

上衣⋯e.r.g*
襪子⋯靴下屋／Tabio
鞋子⋯DIANA（DIANA銀座本店）

26

圍裹式呢料長裙

灰色的人字紋呢料
搭配黑色皮帶釦裝飾。
俐落有型的圍裹式長裙,
修飾出女性纖細修長的體型。

製作方法... *p.67*

布料 ♦ KOIZUMI LIFETEX

製作 ♦ 田丸かおり

上衣…e.r.g* 圍巾…prit 耳環…MDM 襪子…靴下屋/Tabio 靴子…DIANA(DIANA銀座本店)

27

冬日風格呢料波浪裙

以四片裙片接成的呢料圓裙，展現蓬鬆的分量感。
洋溢著復古氛圍的氣質，令人感到獨特的新鮮感。
非常推薦搭配長靴一起穿著喔！

製作方法... *p.70*

布料 ♦ ヨーロッパ服地のひで

製作 ♦ 長島望

上衣…prit
靴子…DIANA（DIANA銀座本店）

28

小碎花及膝波浪裙

將 *p.28* 改成了短版的設計，
裙身上布滿了可愛的小碎花圖案。
如果使用太輕薄的布料，會容易變形，
所以要選用稍微具有張力的材質。

製作方法... *p.72*

布料 ♦ ヨーロッパ服地のひで

製作 ♦ 長島望

上衣…e.r.g*
項鍊…Aleksia Nao（imac）
褲襪…靴下屋／Tabio
鞋子…銀座盛頓銀座本店

29

工作圍裙風吊帶裙

可愛又俏皮的連身吊帶裙，
前面看起來很清爽俐落，
後面則加上鬆緊帶設計。
裙片上的口袋，也讓日常穿著時更加便利。

製作方法... *p.73*

布料 ♦ コスモテキスタイル（AY7044-6）

製作 ♦ 田丸かおり

T恤…prit

襯衫…cepo
鞋子…DIANA（DIANA銀座本店）

30

男孩風吊帶褲

背後將肩繩交叉，
充滿流行感的連身吊帶褲。
褲子的版型是參考*p.12*的款式。

製作方法... *p.76*

布料 ♦ コスモテキスタイル（AD22000-300）

製作 ♦ 渋澤富砂幸

便利的款式
內搭的襯裙 & 襯褲

製作 ♦ 田丸かおり

31

襯裙

製作方法... *p.78*

搭配沒有內裡的裙子時，有一件襯裙就會很方便。
米色系的襯裙，也可以防止走光。
為了讓一年四季都可以搭配，
所以選擇銅氨嫘縈的質料，
不只透氣性良好，穿著時也很舒適。

32

襯褲

製作方法... *p.78*

很難在市面上購買到的襯褲。
稍微寬鬆的尺寸，可以搭配直筒褲、
寬褲或寬版七分褲。特別是搭配
沒有襯裡的羊毛材質褲款時，
襯褲更是必備的內搭衣物。

原寸紙型的使用方法

1 剪下原寸紙型
◆沿裁剪線剪下原寸紙型。
◆確認想製作的作品編號的紙型是以哪條線表示，且分成幾片。

2 複寫在其他紙上使用
◆將紙型複寫在其他紙上使用，方法有以下兩種。

複寫在不透明的紙上

將紙型置於要複寫的紙上。
中間夾入複寫紙，
以軟式點線器在紙型上描線複製。

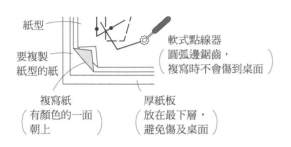

紙型

要複製紙型的紙

複寫紙
（有顏色的一面朝上）

厚紙板
（放在最下層，避免傷及桌面）

軟式點線器
（圓弧邊鋸齒，複寫時不會傷到桌面）

複寫在透明的紙上

將紙型置於要複寫的透明紙
（描圖紙等）下方，
以鉛筆描圖。

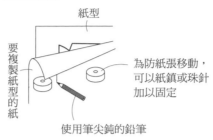

紙型

要複製紙型的紙

為防紙張移動，可以紙鎮或珠針加以固定

使用筆尖鈍的鉛筆

【複寫紙型的注意事項】

「合印記號」、「接縫位置」、「開口止點」、「布紋（直向）」等要記得一併複寫，同時寫上各部位的「名稱」。

3 加上縫份，裁剪紙型
◆紙型並未加上縫份，請依作法中的指示加上縫份。

【注意事項】
- ●縫合處的縫份要同寬度。
- ●與完成線平行的加上縫份。
- ●延長後要加上縫份時，在複製紙型的紙上留下空白，縫份反摺後剪下，避免縫份出現不足（參照範例）。
- ●依據布料的材質（厚度・伸縮性）及開口位置（後中心・前中心・左脇線等）的縫製方法等而加上不同的縫份。

例

加上縫份　　**裁剪**

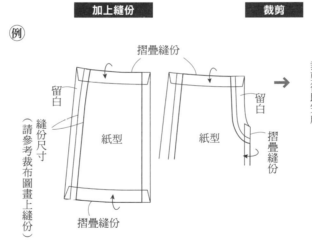

摺疊縫份

留白

縫份尺寸（請參考裁布圖畫上縫份）

紙型

摺疊縫份

留白

紙型

摺疊縫份

裁剪後即完成

凸出部分的縫份非常重要

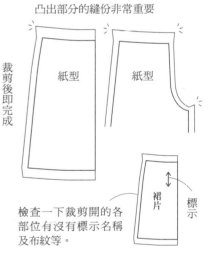

紙型　　紙型

裙片　　標示

檢查一下裁剪開的各部位有沒有標示名稱及布紋等。

4 在布上配置紙型後裁下

●一邊注意布的摺法・紙型的布紋方向等，一邊將所需的紙型置於布上，在布固定不動下裁剪各部位。

如果沒有大桌子，就找個可以將布燙開的空間作業。

紙型全部放上，試著想想要如何配置最好。

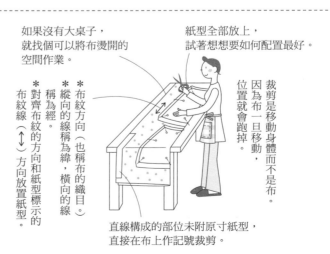

布紋方向（也稱布的織目。）
縱向的線稱為經，橫向的線稱為緯。
對齊布紋的方向和紙型標示的布紋線（↑↓）方向放置紙型。

裁剪是移動身體而不是布。因為布一旦移動，位置就會跑掉。

直線構成的部位未附原寸紙型，直接在布上作記號裁剪。

縫製須知

女裝尺寸參考表（裸體尺寸）

部位＼尺寸	S	M	L	LL
腰圍	62	66	70	76
臀圍	88	90	94	98
股上	25	26	27	28
股下	62	65	68	68
身高	153	158	163	165

（單位 cm）

製圖記號

記號	名稱	記號	名稱
────	完成線（粗指引線）	←──→	布紋記號（箭頭的方向即表示布是縱向）
────	引導線（細指引線）	⌢⌢	等分線（或同尺寸也會使用此符號）
──→	引導線（延長指示線）	● ○ × △ ● ⊗ ★ etc.	依相同尺寸對齊紙型的記號（記號不固定）
── ── ──	摺雙線 褶線	╱╱╱	襯布線
⊖	紙型合併記號		
└	直角記號		褶子的褶疊方向（由斜線高處往低處摺疊）
○	鈕釦		

看懂裁布圖

本書的原寸紙型並不包含縫份，
請依照作法說明中的裁布圖指示加上縫份後裁剪。

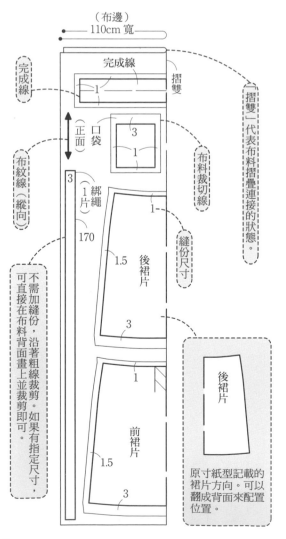

布料方向

直布紋…與布邊平行的布紋。

橫布紋…與布邊垂直的布紋。

斜布紋…傾斜45°的布紋。具伸縮性，常
使用在領圍、袖襱等使用斜布
條之處。

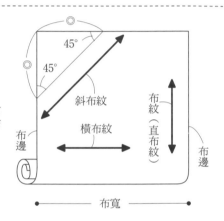

記號製作方法

2片一起裁剪時
布料背面包夾雙面複寫紙，以點線器
沿著完成線描繪。不要忘記作上合印
記號或口袋縫製記號等。

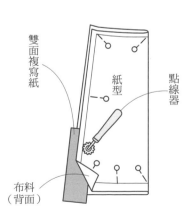

1片裁剪時
布料背面和單面複寫紙表面正面相對
疊合，以點線器沿著完成線描繪。

黏著襯貼法

移動熨斗時須注意熨燙方式不要滑動
式熨燙。由上往正下方燙壓，同時重
疊一半確保每處均有熨燙。

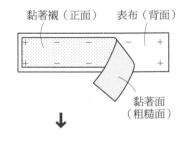

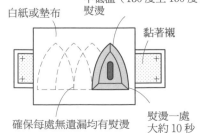

車縫

始縫處和止縫處為避免針目脫落,必須回針縫。車縫2至3針後倒退車縫至起始位置。

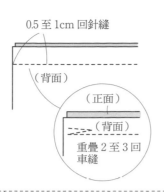

0.5 至 1cm 回針縫

(背面)

(正面)
(背面)
重疊 2 至 3 回車縫

◆角度轉彎的縫法

車縫至轉角處前的一針針目斜車,正面角度會比較漂亮。

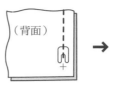 

(背面)

車縫至轉角處的一針針目前停下,抬起壓布腳,車針保持刺在布料上。

放下壓布腳,斜縫一針。

車針保持刺在布料上,將壓布腳抬起旋轉布料。

三摺邊車縫

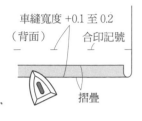

車縫寬度 +0.1 至 0.2
(背面)　合印記號
摺疊

↓

(背面)
沿合印記號摺疊

↓

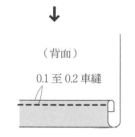

(背面)
0.1 至 0.2 車縫

基本的手縫

◆平針縫

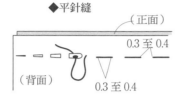

(正面)
0.3 至 0.4
(背面)
0.3 至 0.4

◆預留未車縫處繚縫

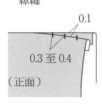

0.1
0.3 至 0.4
(正面)

◆三摺邊藏針縫(普通藏針縫)

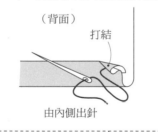

(背面)
打結
由內側出針

◆細平針縫

 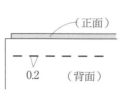

(正面)
0.2　(背面)

◆星止縫

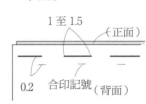

從褶線勾起一小段織線。
Z字形車縫處摺疊,

勾起一至二條織線
(背面)
0.5 至 0.7

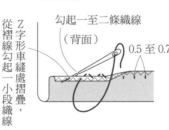

勾起一至二條織線
(背面)
0.5 至 0.7
出針

◆疏縫

1 至 1.5
(正面)
0.2　合印記號　(背面)

→

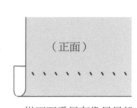

(正面)

從正面看只有像星星般一點一點的針目

→

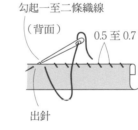 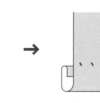

(正面)

從正面看只有像星星般一點一點的針目

釦眼尺寸的位置

◆釦眼的尺寸

釦子直徑
＋
釦子厚度

◆橫開釦眼

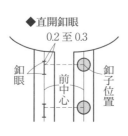

0.2 至 0.3
釦眼
前中心
釦子位置

◆直開釦眼

0.2 至 0.3
釦眼
前中心
釦子位置

完成尺寸標記法

◆吊帶裙

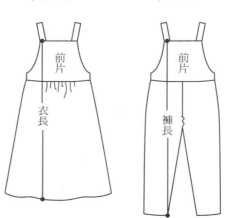

前片
衣長

◆吊帶褲

前片
褲長

◆

裙子
裙長
前片

◆

褲子
前片
褲長

 P.2 **1**

 P.3 **2**

材料	尺寸	S	M	L	LL
1 表布（羊毛布）	寬146cm	1m90cm	2m	2m10cm	2m10cm
2 表布（法蘭絨）	寬138cm	1m60cm	1m70cm	1m80cm	1m90cm
鬆緊帶	寬30mm	70cm	75cm	80cm	85cm
完成尺寸	**1** 褲長	87cm	91cm	95cm	96cm
	2 褲長	73.5cm	77cm	80.5cm	81.5cm

▶ 關於紙型

◆原寸紙型：A面1。

◆使用部分：前／後片・口袋

◆紙型的修改

＊**1** 請直接使用紙型。

＊**2** 將褲長改短。

▶ 製作順序

（共通）

圖上四個數字分別代表

S尺寸
M尺寸
L尺寸
LL尺寸

只標示一個數字的代表共通使用

鬆緊帶長度＝
（包含縫份之2）
68
72
76
82

□ ＝紙型

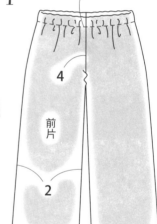

1

5・6

4

前片

2

3

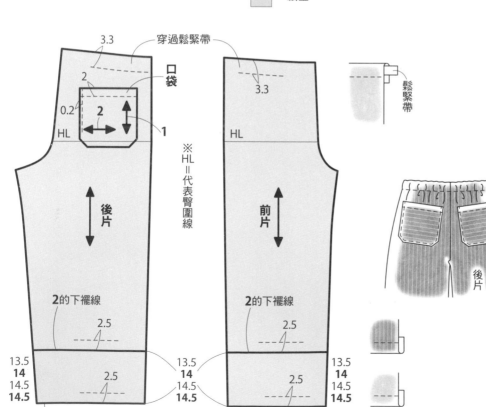

3.3

穿過鬆緊帶

2

口袋

0.2

2

HL

1

3.3

HL

後片

前片

※HL＝代表臀圍線

鬆緊帶

2的下襬線

2.5

2的下襬線

2.5

13.5
14
14.5
14.5

2.5

13.5
14
14.5
14.5

13.5
14
14.5
14.5

2.5

1的下襬線

1的下襬線

2

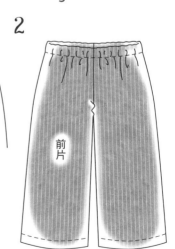

後片

前片

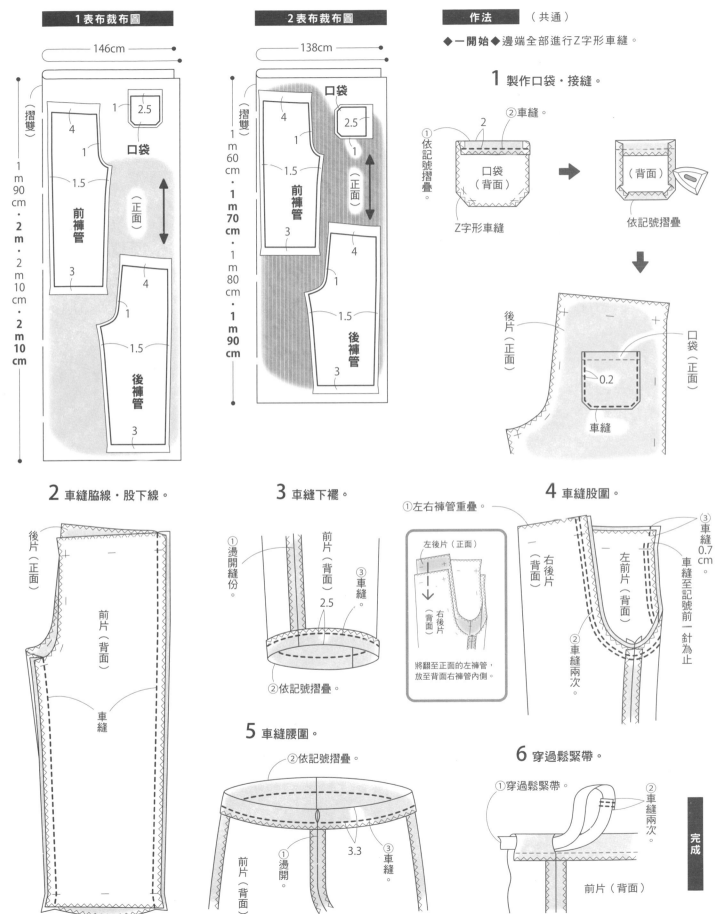

材料	尺寸	S	M	L	LL
3 表布（棉質布）	寬110cm	2m30cm	2m40cm	2m50cm	2m50cm
4 表布（彈性法蘭絨布）	寬130cm	2m10cm	2m20cm	2m30cm	2m30cm
鬆緊帶	寬30mm	70cm	75cm	80cm	85cm
完成尺寸	3 褲長	87cm	91cm	95cm	96cm
	4 褲長	73.5cm	77cm	80.5cm	81.5cm

關於紙型

◆原寸紙型：A面1。

◆使用部分：前／後片

◆紙型的修改

＊3基本紙型加上下襬反摺線。

＊4將褲長改短，加上下襬反摺線。

圖上四個數字分別代表

S尺寸
M尺寸
L尺寸
LL尺寸

只標示一個數字的代表共通使用

◆下襬反摺線和縫份畫法◆

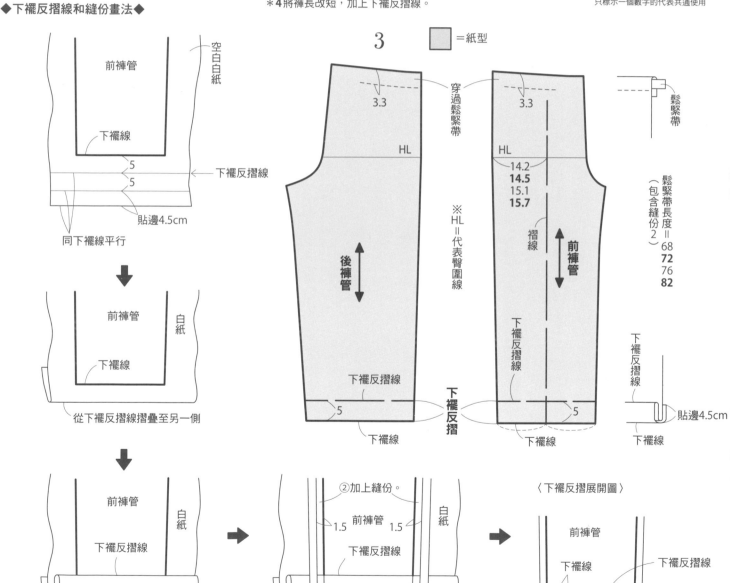

3　□=紙型

（前褲管 / 空白白紙 / 下襬線 / 5 / 5 / 下襬反摺線 / 貼邊4.5cm / 同下襬線平行）

（前褲管 / 白紙 / 下襬線 / 從下襬反摺線摺疊至另一側）

（前褲管 / 白紙 / 下襬反摺線 / 從下襬反摺線摺疊至前面）

（3.3 / HL / 穿過鬆緊帶 / 後褲管 / ※HL＝代表臀圍線 / 下襬反摺線 / 5 / 下襬反摺 / 下襬線）

（3.3 / HL / 14.2 / **14.5** / 15.1 / **15.7** / 褶線 / 前褲管 / 下襬反摺線 / 5 / 下襬線）

（鬆緊帶 / 鬆緊帶長度（包含縫份2） / 68 / **72** / 76 / **82**）

（下襬反摺線 / 貼邊4.5cm / 下襬線）

（②加上縫份。 / 前褲管 / 白紙 / 1.5 / 1.5 / 下襬反摺線 / ③裁剪。 / 下襬線 / ③裁剪。 / ①畫線。）

〈下襬反摺展開圖〉

（前褲管 / 下襬線 / 下襬反摺線 / 貼邊）

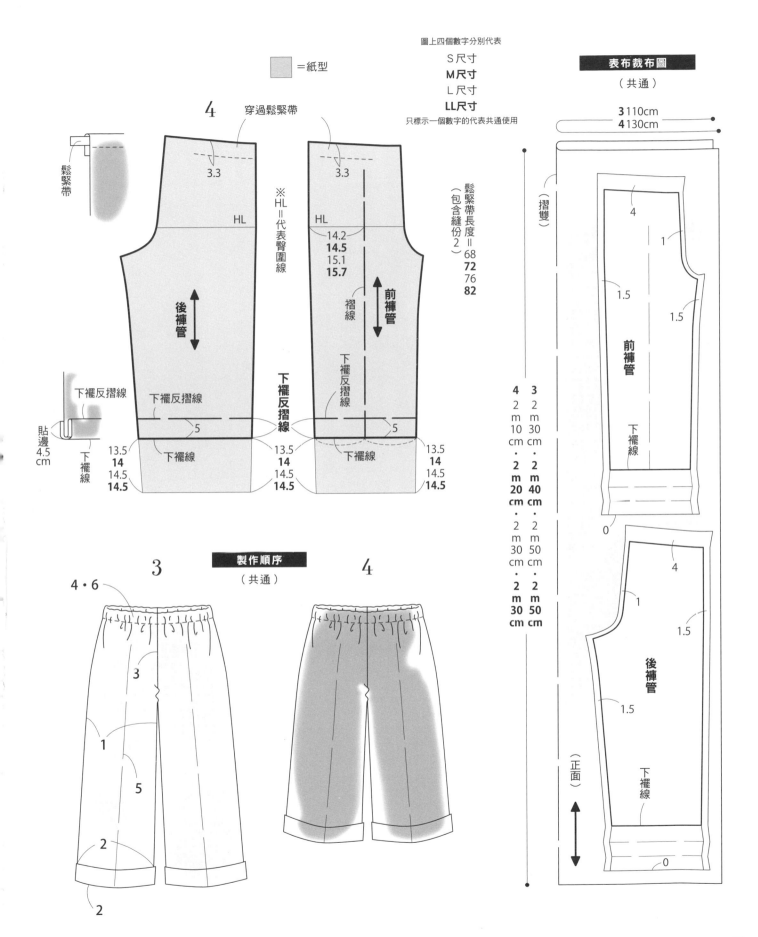

=紙型

圖上四個數字分別代表
S尺寸
M尺寸
L尺寸
LL尺寸
只標示一個數字的代表共通使用

表布裁布圖
（共通）

3 110cm
4 130cm

4
穿過鬆緊帶

3.3

3.3

鬆緊帶

HL
14.2
14.5
15.1
15.7

※HL＝代表臀圍線

HL

鬆緊帶長度＝
（包含縫份2）
68
72
76
82

後褲管

前褲管

褶線

下襬反摺線

下襬反摺線

下襬反摺線

下襬反摺線

下襬反摺線

下襬反摺線

貼邊
4.5
cm

下襬線

5

5

13.5
14
14.5
14.5

下襬線

13.5
14
14.5
14.5

下襬線

13.5
14
14.5
14.5

（摺雙）

前褲管

4

1

1.5

1.5

下襬線

0

4 3
2 2
m m
10 30
cm cm
· ·
2 2
m m
20 40
cm cm
· ·
2 2
m m
30 50
cm cm
2 2
m m
30 50
cm cm

製作順序
（共通）

3

4

4·6

3

1

5

2

2

2

4

1

1.5

後褲管

1.5

下襬線

0

（正面）

39

製作方法 （共通） ◆一開始◆邊端全部進行Z字形車縫。

1 車縫脇線・股下線。

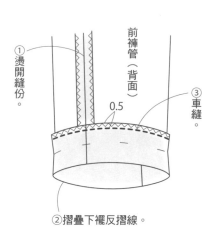

後褲管（正面）

前褲管（背面）

車縫

Z字形車縫

2 車縫下襬・製作下襬反摺。

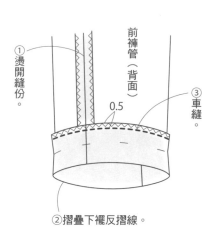

①燙開縫份。

前褲管（背面）

0.5

③車縫。

②摺疊下襬反摺線。

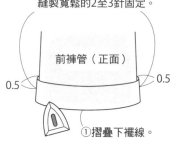

②本體和下襬反摺內側縫製寬鬆的2至3針固定。

前褲管（正面）

0.5　　　0.5

①摺疊下襬線。

3 車縫股圍。

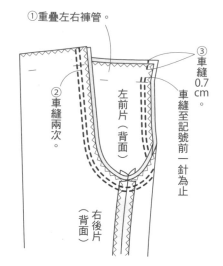

①重疊左右褲管。

②車縫兩次。

③車縫0.7cm

車縫至記號前一針為止

左前片（背面）

右後片（背面）

4 車縫腰圍。

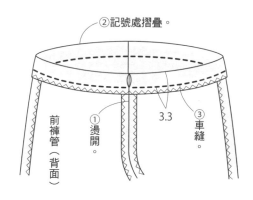

②記號處摺疊。

①燙開

3.3

③車縫。

前褲管（背面）

5 摺疊褲管製作褶線。

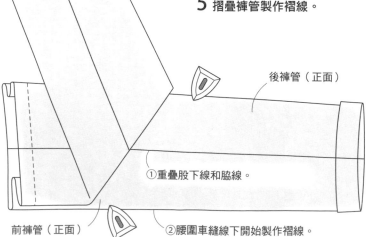

後褲管（正面）

①重疊股下線和脇線。

前褲管（正面）

②腰圍車縫線下開始製作褶線。

6 穿過鬆緊帶。

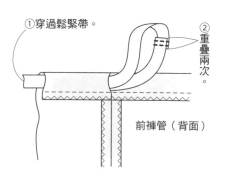

①穿過鬆緊帶。

②重疊兩次。

前褲管（背面）

完成

40

P.7 **6**

P.8 **7**

P.9 **8**

圖上四個數字分別代表

S尺寸
M尺寸
L尺寸
LL尺寸

只標示一個數字的代表共通使用

材料	尺寸	S	M	L	LL
6 表布（聚酯纖維混紡布）	寬146cm	1m70cm	1m70cm	1m80cm	1m80cm
7 表布（羊毛混紡布）	寬140cm	1m80cm	1m80cm	1m90cm	1m90cm
8 表布（聚酯纖維提花布）	寬144cm	1m50cm	1m60cm	1m70cm	1m70cm
鬆緊帶	寬30mm	70cm	75cm	80cm	85cm
完成尺寸	**6** 褲長	65.5cm	68cm	70.5cm	71.5cm
	7 褲長	76cm	79cm	82cm	83cm
	8 褲長	46.5cm	48cm	49.5cm	50.5cm

關於紙型

◆原寸紙型：A面7。

◆使用部分：前／後／脇布／口袋布／腰帶

◆紙型的修改

＊**7**請直接使用紙型。**6**・**8**將褲長改短。

▨ ＝紙型

褶線　　穿過鬆緊帶　　（↔）　　**腰帶**

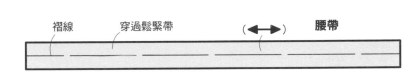

落機縫　鬆緊帶

脇布

脇布　　口袋布

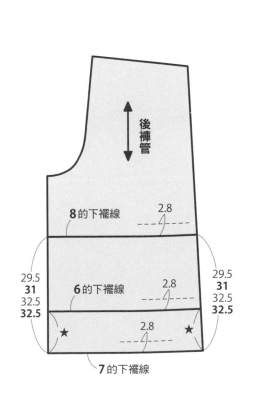

後褲管

0.5

口袋口

前褲管

口袋口

口袋布

8的下襬線　　2.8

29.5
31
32.5
32.5

6的下襬線　　2.8

29.5
31
32.5
32.5

2.8

★　　　　★

7的下襬線

★＝
10.5
11
11.5
11.5

8的下襬線　　2.8

29.5
31
32.5
32.5

6的下襬線　　2.8

29.5
31
32.5
32.5

2.8

★　　　　★

7的下襬線

鬆緊帶長度＝（包含縫份2）
68
72
76
82

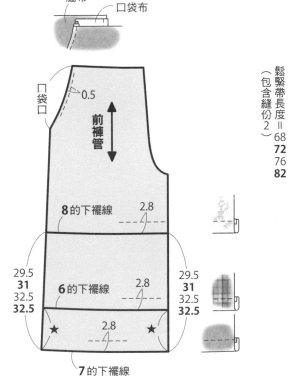

製作順序　（共通）

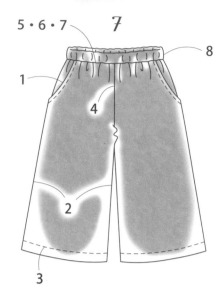

7

5・6・7

8

1

4

2

3

8

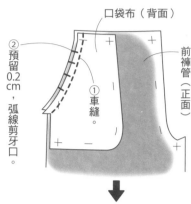

製作方法　（共通）

1 製作口袋・邊端進行
Z字形車縫。

② 預留0.2cm，弧線剪牙口。

口袋布（背面）

① 車縫。

前褲管（正面）

前褲管（背面）

0.5

② 褲子側邊車縫。

口袋布（正面）

① 翻至褲子內側。

① 重疊口袋布和脇布。

前褲管（背面）

口袋布（正面）

脇布（背面）

② 車縫。

③ 縫份兩片一起進行Z字形車縫。

④ 從正面進行Z字形車縫。
（後褲管也相同）

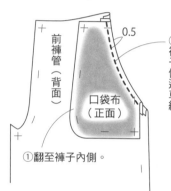

6

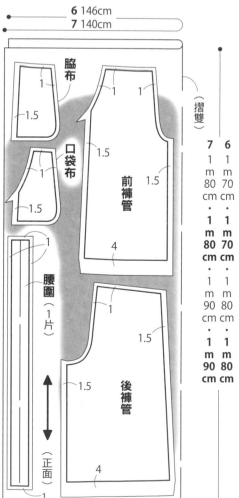

6・7表布裁布圖

6 146cm
7 140cm

脇布

1

1.5

口袋布

1

1.5

1

1.5

1.5

前褲管

1

4

1.5

（摺雙）

腰圍（1片）

1

1.5

1

後褲管

1.5

4

（正面）

1

	7	6
	1 m 80 cm・	1 m 70 cm・
	1 m 80 cm・	**1 m 70 cm・**
	1 m 90 cm・	1 m 80 cm・
	1 m 90 cm	**1 m 80 cm**

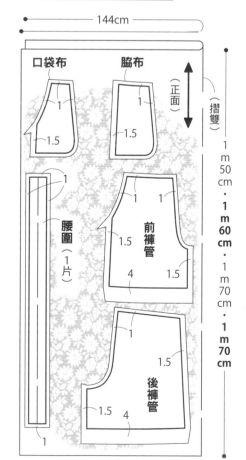

8表布裁布圖

144cm

口袋布

1

1.5

脇布

1

1.5

（正面）

（摺雙）

腰圍（1片）

1

前褲管

1

1.5

4

1.5

後褲管

1

1.5

4

1 m 50 cm・**1 m 60 cm・**1 m 70 cm・**1 m 70 cm**

2 車縫脇線‧股下線。

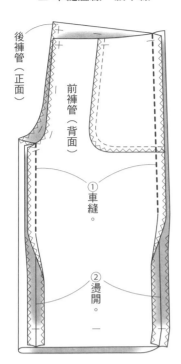

後褲管（正面）
前褲管（背面）
① 車縫。
② 燙開。

3 車縫下襬。

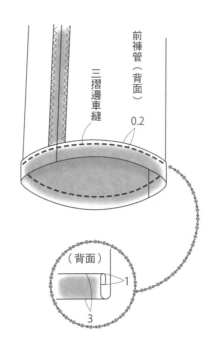

前褲管（背面）
三摺邊車縫
0.2
（背面）
1
3

4 車縫股圍。

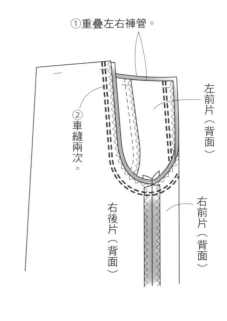

① 重疊左右褲管。
② 車縫兩次。
左前片（背面）
右後片（背面）
右前片（背面）

5 製作腰帶。

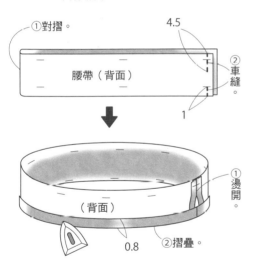

① 對摺。
4.5
腰帶（背面）
② 車縫。
1
① 燙開。
（背面）
② 摺疊。
0.8

7 腰帶落機縫固定。

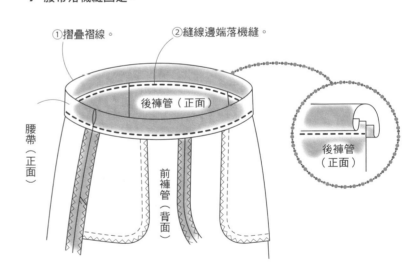

① 摺疊褶線。
② 縫線邊端落機縫。
後褲管（正面）
腰帶（正面）
前褲管（背面）
後褲管（正面）

6 接縫腰帶。

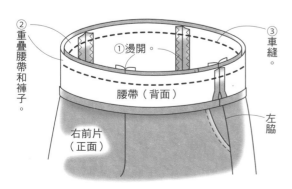

② 重疊腰帶和褲子。
① 燙開。
③ 車縫。
腰帶（背面）
左脇
右前片（正面）

8 穿過鬆緊帶。

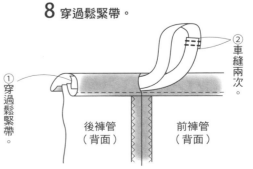

① 穿過鬆緊帶。
② 車縫兩次。
後褲管（背面）
前褲管（背面）

完成

材料	尺寸	S	M	L	LL
表布（棉・聚酯纖維混紡丹寧布）	寬112cm	2m20cm	2m30cm	2m40cm	2m40cm
釦子	直徑15mm	4個	4個	4個	4個
鬆緊帶	寬30mm	70cm	75cm	80cm	85cm
完成尺寸	褲長	92cm	96cm	100cm	101cm

紙型

◆原寸紙型：A面1。

◆使用部分：前／後片

＊直線吊帶部分直接在布上描繪裁剪即可。

◆紙型的修改

＊將褲長加長。

表布裁布圖

吊帶（2片）

褶線

0.2

108
110
112
114

4

2

後　釦眼　　　　　　　　　　前

2　4　　　　　　　　　　2

圖上四個數字分別代表

S尺寸
M尺寸
L尺寸
LL尺寸

只標示一個數字的代表共通使用

＝紙型

3.5　　　　　　　　3.5

7.8
8
8.3
8.6

釦子
（內側）

HL　　　　　　　　HL

後褲管　　　穿過鬆緊帶　　前褲管

※HL＝代表臀圍線

鬆緊帶

鬆緊帶長度＝（包含縫份2）
68
72
76
82

5　　　　　　5　　5

1.8　　　　　1.8

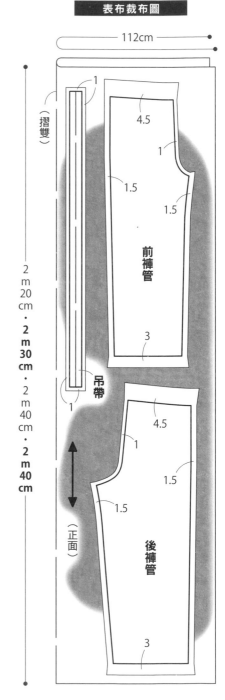

112cm

摺雙

2m20cm・**2m30cm**・2m40cm・**2m40cm**

1

前褲管

4.5
1
1.5
1.5

3

吊帶

1

（正面）

後褲管

4.5
1
1.5
1.5

3

製作方法

◆一開始◆
邊端全部進行Z字形車縫。
（股圍）

製作順序

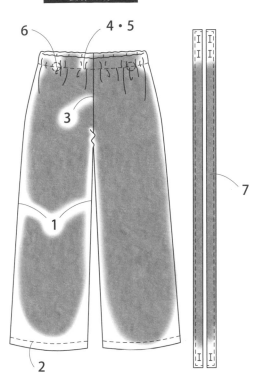

1 車縫脇線・股下線。

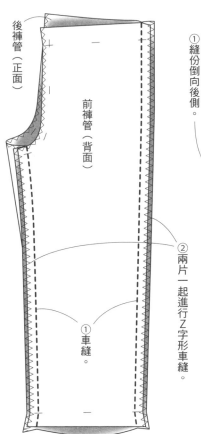

後褲管（正面）
前褲管（背面）
①車縫。
②兩片一起進行Z字形車縫。

2 車縫下襬。

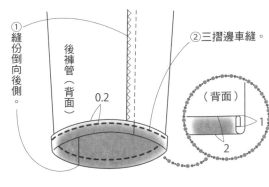

①縫份倒向後側。
後褲管（背面）
0.2
②三摺邊車縫。
（背面）
1
2

3 車縫股圍。

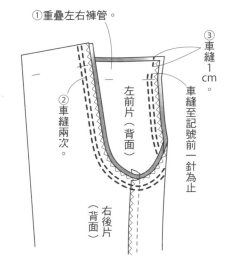

①重疊左右褲管。
②車縫兩次。
③車縫1cm。
左前片（背面）
車縫至記號前一針為止
右後片（背面）

4 車縫腰圍。

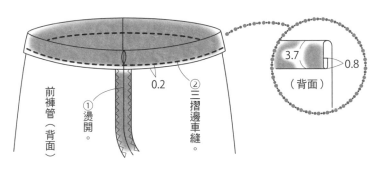

前褲管（背面）
①燙開。
②三摺邊車縫。
0.2
3.7
0.8
（背面）

5 穿過鬆緊帶。

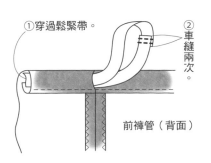

①穿過鬆緊帶。
②車縫兩次。
前褲管（背面）

6 側邊縫上釦子。

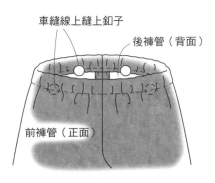

車縫線上縫上釦子
後褲管（背面）
前褲管（正面）

7 製作吊帶。

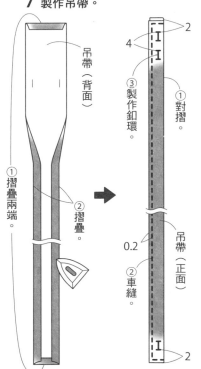

吊帶（背面）
①摺疊兩端。
②摺疊。
2
4
③製作釦環。
①對摺。
0.2
吊帶（正面）
②車縫。
2

完成

材料	尺寸	S	M	L	LL
9 表布（麻布）	寬140cm	1m90cm	2m	2m10cm	2m10cm
10 表布（羊毛壓縮針織布）	寬135cm	1m70cm	1m80cm	1m90cm	1m90cm
鬆緊帶	寬30mm	70cm	75cm	80cm	85cm
完成尺寸	**9** 褲長	78cm	81cm	84cm	85cm
	10 褲長	67.5cm	70cm	72.5cm	73.5cm

關於紙型

◆原寸紙型：A面10。

◆使用部分：前／後片

◆紙型的修改

＊**9** 將褲長加長。

＊**10** 請直接使用紙型。

□ ＝紙型

製作順序

（共通）

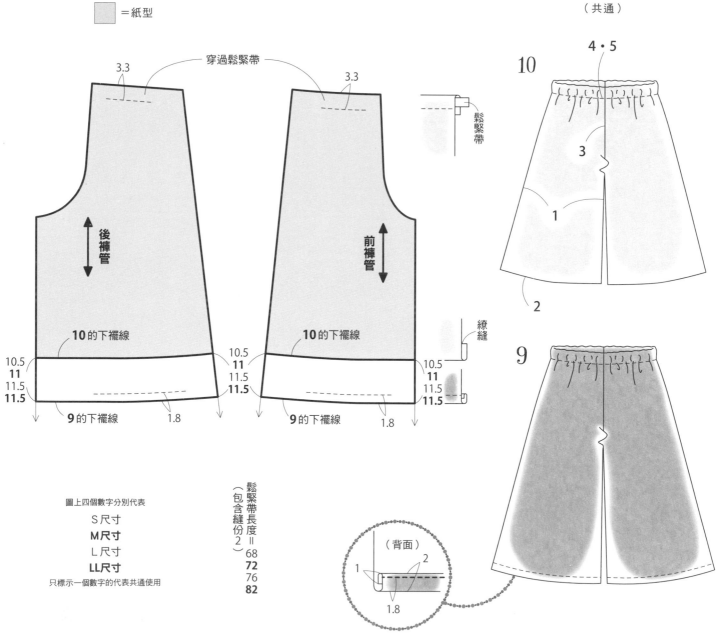

圖上四個數字分別代表

S尺寸
M尺寸
L尺寸
LL尺寸

只標示一個數字的代表共通使用

鬆緊帶長度＝
（包含縫份2）
68
72
76
82

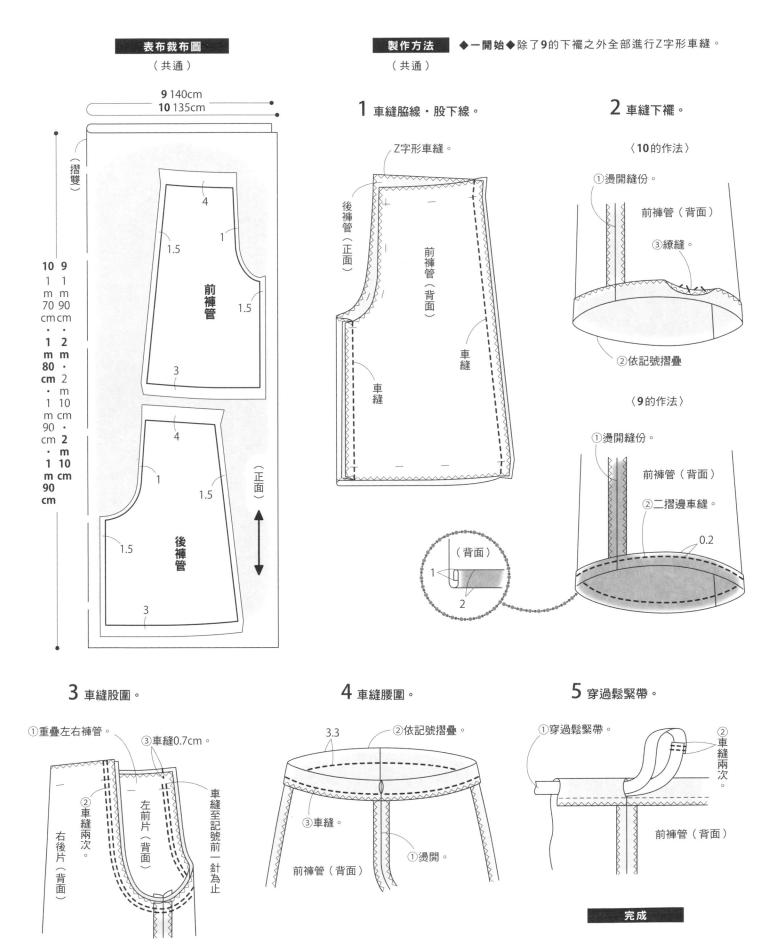

表布裁布圖
（共通）

9 140cm
10 135cm

（摺雙）

	10	9
	1m70cm・1m80cm・1m90cm	1m90cm・2m・2m10cm・2m10cm

4
1
1.5
1.5
前褲管
3

4
1
1.5
1.5
後褲管
3

（正面）

製作方法	◆一開始◆除了**9**的下襬之外全部進行Z字形車縫。
（共通）	

1 車縫脇線・股下線。

Z字形車縫。

後褲管（正面）
前褲管（背面）
車縫
車縫

（背面）
1
2

2 車縫下襬。

〈**10**的作法〉

①燙開縫份。
前褲管（背面）
③繚縫。
②依記號摺疊

〈**9**的作法〉

①燙開縫份。
前褲管（背面）
②二摺邊車縫。
0.2

3 車縫股圍。

①重疊左右褲管。
③車縫0.7cm。
②車縫兩次。
左前片（背面）
右後片（背面）
車縫至記號前一針為止

4 車縫腰圍。

3.3
②依記號摺疊。
③車縫。
①燙開。
前褲管（背面）

5 穿過鬆緊帶。

①穿過鬆緊帶。
②車縫兩次。
前褲管（背面）

完成

P.12 **11**

P.13 **12**

P.15 **14**

材料 ＼ 尺寸	S	M	L	LL
11 表布（棉質斜紋布） 寬112cm	2m30cm	2m40cm	2m50cm	2m50cm
12 表布（棉麻混紡布） 寬110cm	2m10cm	2m20cm	2m30cm	2m30cm
14 表布（羊毛彈性布） 寬148cm	1m30cm	1m40cm	1m50cm	1m50cm
鬆緊帶 寬30mm	50cm	50cm	55cm	60cm
完成尺寸 **11** 褲長	96.5cm	100.5cm	104.5cm	105.5cm
12 褲長	87cm	90.5cm	94cm	95cm
14 褲長	57.2cm	59.5cm	61.8cm	62.8cm

關於紙型

◆原寸紙型：B面11。

◆使用部分：前／後／腰帶

＊腰帶環、**11** 的蝴蝶結部分直接在布上描繪裁剪即可。

◆紙型的修改

＊**11** 請直接使用紙型。**12**・**14** 將褲長改短。

= 紙型

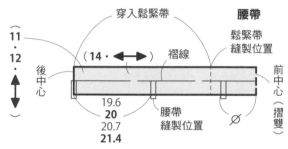

腰帶

穿入鬆緊帶 （14・↔） 褶線 鬆緊帶縫製位置 後中心 前中心（摺雙）
19.6 **20** 20.7 **21.4** 腰帶縫製位置

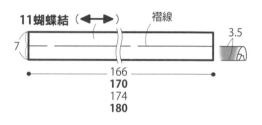

11蝴蝶結（↔） 褶線
7 3.5
166 **170** 174 **180**

14表布裁布圖

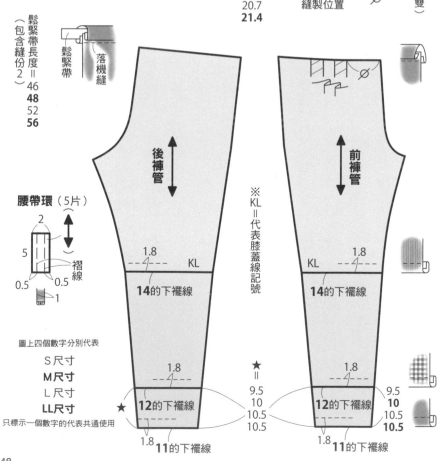

鬆緊帶長度＝（包含縫份2）46 **48** 52 **56**
鬆緊帶 落機縫

腰帶環（5片）
2 5 褶線 0.5 0.5 1

圖上四個數字分別代表
S尺寸
M尺寸
L尺寸
LL尺寸
只標示一個數字的代表共通使用

後褲管 前褲管
1.8 KL 1.8 KL
14的下襬線 **14**的下襬線
※KL＝代表膝蓋線記號
1.8 1.8
★＝
9.5 10 10.5 10.5
12的下襬線 **12**的下襬線
1.8 **11**的下襬線 1.8 **11**的下襬線
★ 9.5 **10** 10.5 **10.5**

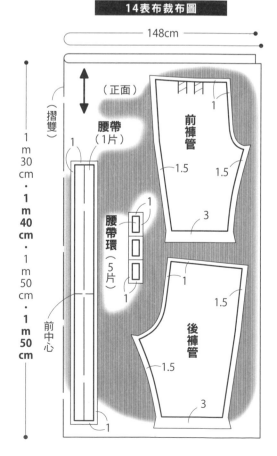

148cm
（正面）
腰帶（1片）
腰帶環（5片）
前褲管 1 1.5 1.5 3
後褲管 1 1.5 1.5 3
1m30cm・**1m40cm**・1m50cm・**1m50cm**
（摺雙）
前中心
1

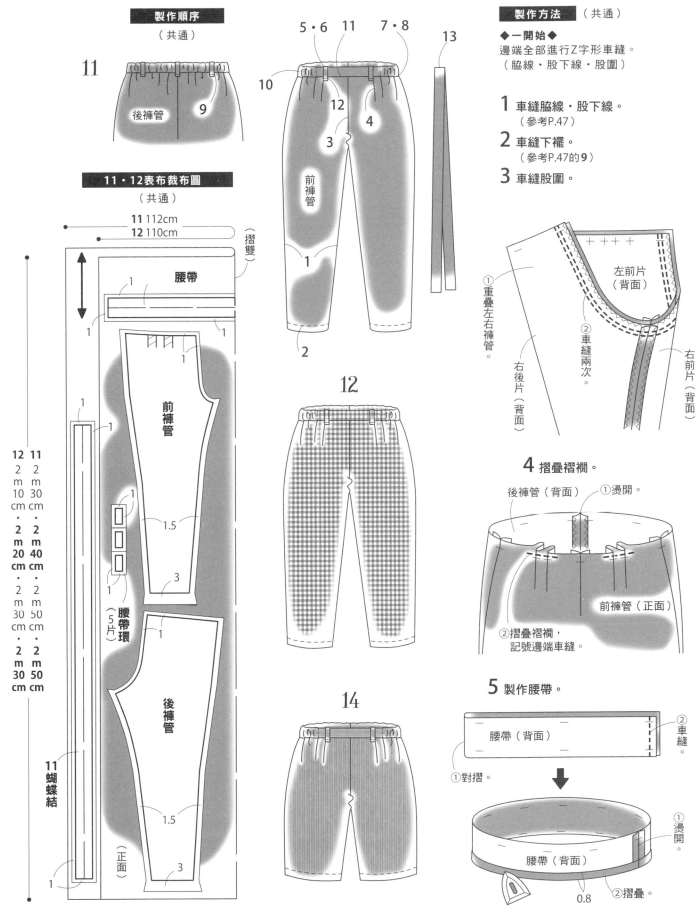

11

後褲管

9

5・6　11　7・8

13

10

12

4

3

前褲管

1

2

◆一開始◆

邊端全部進行Z字形車縫。
（脇線・股下線・股圍）

1 車縫脇線・股下線。
（參考P.47）

2 車縫下襬。
（參考P.47的**9**）

3 車縫股圍。

11・12表布裁布圖
（共通）

11 112cm
12 110cm

（摺雙）

腰帶

1　1

1

前褲管

1

1

1

1.5

3

1

腰帶環
（5片）

後褲管

1.5

3

1

11
蝴蝶結

（正面）

12	11
2 m 10 cm	2 m 30 cm
2 m 20 cm	**2 m 40 cm**
2 m 30 cm	2 m 50 cm
2 m 30 cm	**2 m 50 cm**

12

14

左前片
（背面）

①重疊左右褲管。

②車縫兩次。

右後片
（背面）

右前片
（背面）

4 摺疊褶襉。

後褲管（背面）

①燙開。

前褲管（正面）

②摺疊褶襉，
記號邊端車縫。

5 製作腰帶。

腰帶（背面）

②車縫。

①對摺。

①燙開。

腰帶（背面）

②摺疊。

0.8

6 製作腰帶環，接縫腰帶。

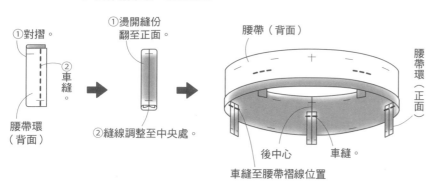

①對摺。
②車縫。
腰帶環（背面）

①燙開縫份翻至正面。
②縫線調整至中央處。

腰帶（背面）
腰帶環（正面）
後中心
車縫。
車縫至腰帶摺線位置

7 接縫腰帶。

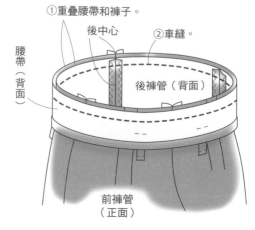

①重疊腰帶和褲子。
後中心
②車縫。
腰帶（背面）
後褲管（背面）
前褲管（正面）

8 車縫腰帶。

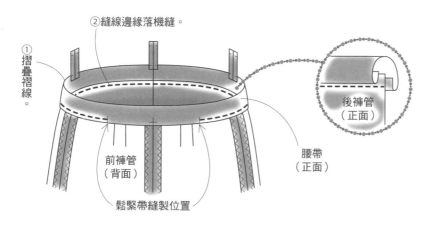

②縫線邊緣落機縫。
①摺疊摺線。
前褲管（背面）
鬆緊帶縫製位置
腰帶（正面）
後褲管（正面）

9 後腰帶環車縫固定。

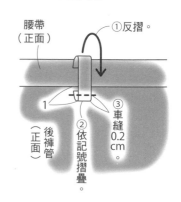

腰帶（正面）
①反摺。
1
②依記號摺疊。
③車縫0.2cm。
後褲管（正面）

10 穿過鬆緊帶，車縫固定。

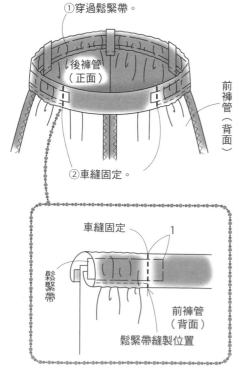

①穿過鬆緊帶。
後褲管（正面）
②車縫固定。
前褲管（背面）

車縫固定 1
鬆緊帶
前褲管（背面）
鬆緊帶縫製位置

11 前腰帶車縫。

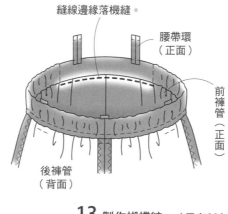

縫線邊緣落機縫。
腰帶環（正面）
前褲管（正面）
後褲管（背面）

12 前腰帶環車縫固定。

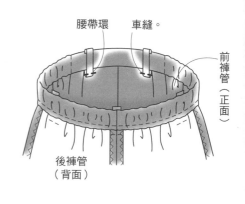

腰帶環
車縫
前褲管（正面）
後褲管（背面）

13 製作蝴蝶結。（只有11）

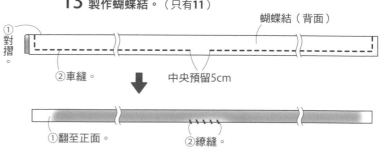

①對摺
②車縫。
中央預留5cm
蝴蝶結（背面）

①翻至正面。
②繚縫。

完成

材料	尺寸	S	M	L	LL
表布（法蘭絨）	寬130cm	2m30cm	2m40cm	2m50cm	2m50cm
鬆緊帶	寬30mm	70cm	75cm	80cm	85cm
完成尺寸	褲長	96cm	100cm	104cm	105cm

圖上四個數字分別代表
S尺寸
M尺寸
L尺寸
LL尺寸
只標示一個數字的代表共通使用

關於紙型

◆原寸紙型：B面15。

◆使用部分：前／後片

◇ ＝紙型

製作順序

◆製作圖請參考P.37

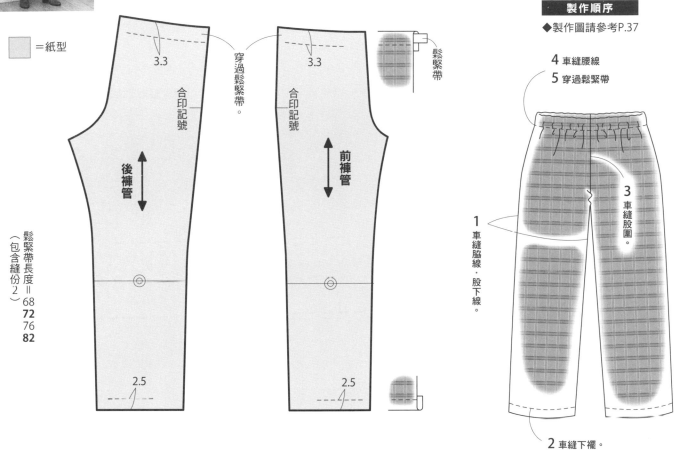

3.3　3.3
合印記號
合印記號
後褲管
前褲管
穿過鬆緊帶。
鬆緊帶
2.5　2.5

鬆緊帶長度＝（包含縫份2）
68
72
76
82

4 車縫腰線
5 穿過鬆緊帶
3 車縫股圍。
1 車縫脇線、股下線。
2 車縫下襬。

表布裁布圖

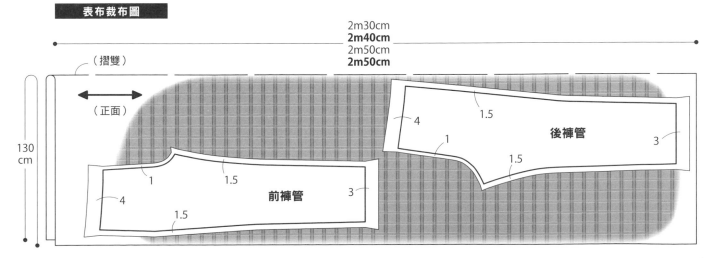

2m30cm
2m40cm
2m50cm
2m50cm

（摺雙）
（正面）
130cm

4
1
前褲管
1.5　1.5　3

4
1.5
1
後褲管
1.5　3

51

材料	尺寸	S	M	L	LL
表布（棉質斜紋布）	寬112cm	2m10cm	2m20cm	2m30cm	2m30cm
鬆緊帶	寬30mm	1m	1m5cm	1m10cm	1m20cm
完成尺寸	褲長	87cm	90.5cm	94cm	95cm

圖上四個數字分別代表

S尺寸
M尺寸
L尺寸
LL尺寸

只標示一個數字的代表共通使用

關於紙型

◆原寸紙型：B面11。

◆使用部分：前／後／腰帶

＊腰帶環部分直接在布上描繪裁剪即可。

◆紙型的修改

＊將褲長改短。

☐＝紙型

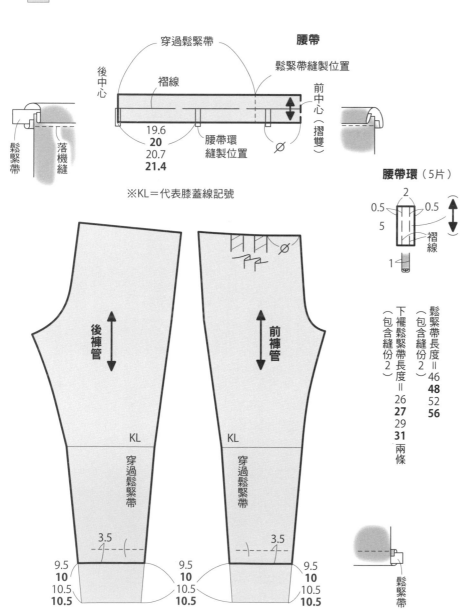

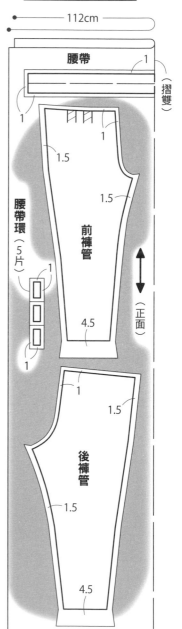

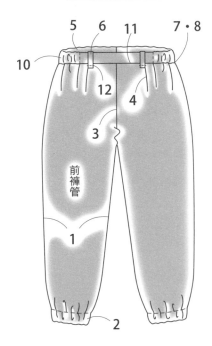

5　6　11　7・8
10
12
4
3
前褲管
1
2

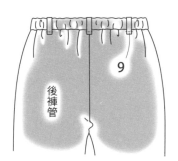

後褲管
9

◆一開始◆邊端全部進行Z字形車縫。
（脇線・股下線・股圍）

1 車縫脇線・股下線。

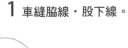

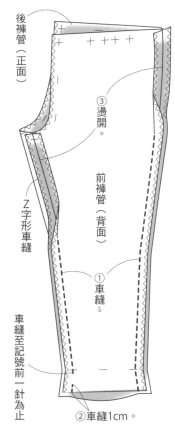

後褲管（正面）
③燙開。
前褲管（背面）
Z字形車縫
①車縫。
車縫至記號前一針為止
②車縫1cm。

2 車縫下襬・穿過鬆緊帶。

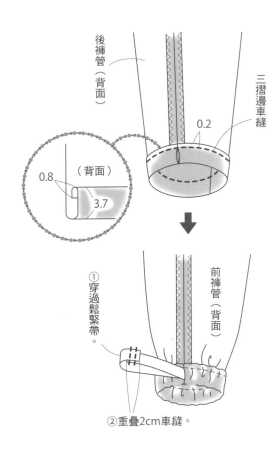

後褲管（背面）
三摺邊車縫
0.2
0.8　（背面）　3.7
①穿過鬆緊帶。
前褲管（背面）
②重疊2cm車縫。

3 車縫股圍。

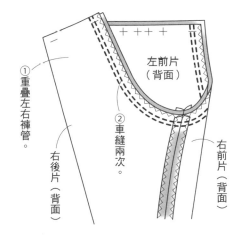

①重疊左右褲管。
左前片（背面）
②車縫兩次。
右後片（背面）
右前片（背面）

4 摺疊褶襇。

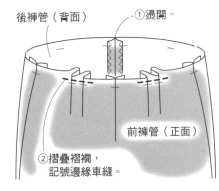

後褲管（背面）
①燙開。
前褲管（正面）
②摺疊褶襇，記號邊緣車縫。

5 製作腰帶。

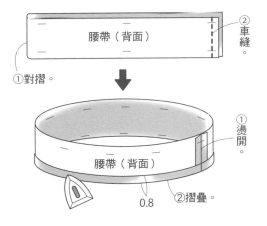

腰帶（背面）
②車縫。
①對摺。
①燙開。
腰帶（背面）
②摺疊。
0.8

◆6至12製作圖請參閱P.50

6 製作腰帶環，接縫至腰帶。

7 接縫腰帶。

8 車縫腰帶。

9 後腰帶環車縫固定。

10 穿過鬆緊帶車縫固定。

11 前腰帶車縫固定。

12 前腰帶環車縫固定。

完成

材料 尺寸	S	M	L	LL
表布（棉・聚酯纖維混紡丹寧布） 寬112cm	2m10cm	2m20cm	2m30cm	2m30cm
鬆緊帶 寬30mm	70cm	75cm	80cm	85cm
完成尺寸 褲長	81.5cm	85cm	88.5cm	89.5cm

關於紙型

◆原寸紙型：B面15。

◆使用部分：前／後

◆紙型的修改

＊將褲長改短，重新描繪脇線。

＊口袋需製圖。

表布裁布圖

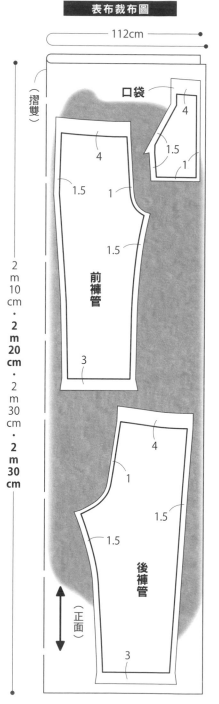

112cm

（摺雙）

口袋

4

1.5

1

4

1.5

1

1.5

前褲管

3

2m10cm・2m20cm・2m30cm・2m30cm

4

1

1.5

1.5

後褲管

（正面）

3

鬆緊帶長度＝（包含縫份2）
68
72
76
82

□ ＝紙型

★＝
6.8
7
7.3
7.6

圖上四個數字分別代表

S尺寸
M尺寸
L尺寸
LL尺寸

只標示一個數字的代表共通使用

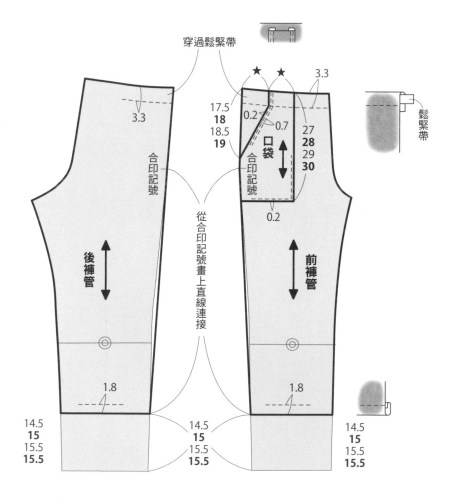

穿過鬆緊帶

3.3

★ ★ 3.3

17.5
18
18.5
19

0.2

0.7

27
28
29
30

口袋

合印記號

3.3

合印記號

0.2

鬆緊帶

後褲管

前褲管

從合印記號畫上直線連接

1.8

1.8

14.5
15
15.5
15.5

14.5
15
15.5
15.5

14.5
15
15.5
15.5

製作順序

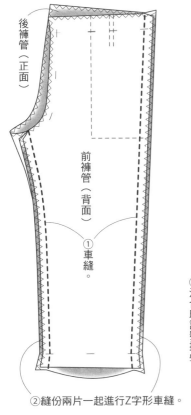

6・7
1
2
5
3
4

製作方法　◆一開始◆邊端全部進行Z字形車縫。
（後股圍・後腰圍）

1 製作口袋。

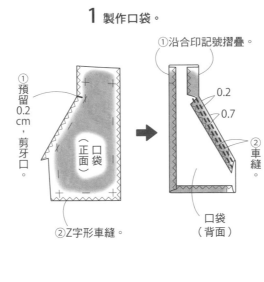

①沿合印記號摺疊。
①預留0.2cm，剪牙口。
②Z字形車縫。
（正面）口袋
0.2
0.7
②車縫。
口袋（背面）

2 接縫口袋。

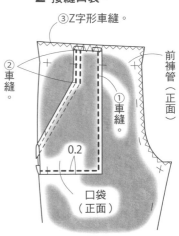

③Z字形車縫。
②車縫。
①車縫。
前褲管（正面）
0.2
口袋（正面）

3 車縫脇線・股下線。

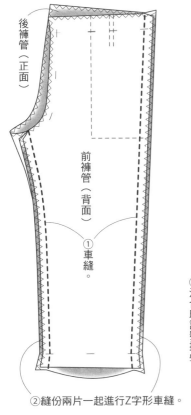

後褲管（正面）
前褲管（背面）
①車縫。
②縫份兩片一起進行Z字形車縫。

4 車縫下襬。

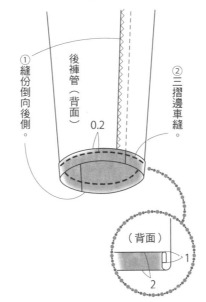

①縫份倒向後側。
後褲管（背面）
0.2
②三摺邊車縫。
（背面）
1
2

5 車縫股圍。

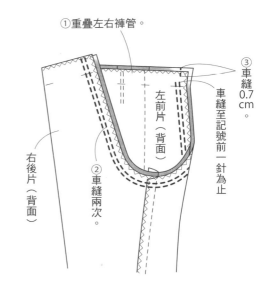

①重疊左右褲管。
③車縫0.7cm
左前片（背面）
車縫至記號前一針為止
右後片（背面）
②車縫兩次。

6 車縫腰線。

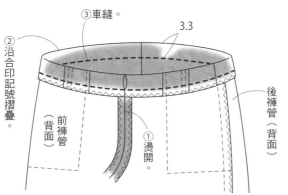

③車縫。
3.3
②沿合印記號摺疊。
前褲管（背面）
後褲管（背面）
①燙開。

7 穿過鬆緊帶。

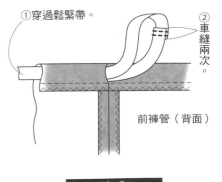

①穿過鬆緊帶。
②車縫兩次。
前褲管（背面）

完成

 **P.18 17**

 **P.19 18**

 ＝紙型

材料　　　　　　　　　　　　尺寸	S	M	L	LL
17 表布（棉布）　寬110cm	1m80cm	1m90cm	2m	2m
18 表布（棉質牛津布）　寬110cm	1m60cm	1m70cm	1m80cm	1m80cm
鬆緊帶　寬50mm	70cm	75cm	80cm	85cm
完成尺寸　　**17** 裙長	71cm	74.5cm	78cm	78cm
18 裙長	61.5cm	64.5cm	67.5cm	67.5cm

關於紙型

◆原寸紙型：Ａ面17。

◆使用部分：裙子／腰帶

◆紙型的修改

＊**17** 請直接使用紙型。**18** 將裙長改短。

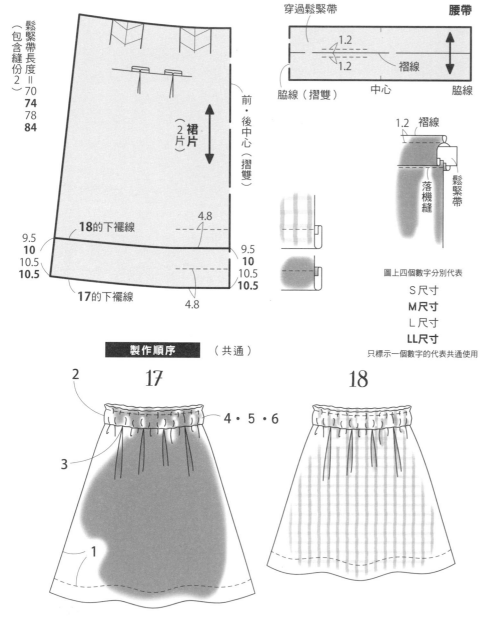

鬆緊帶長度＝
（包含縫份2）
70
74
78
84

穿過鬆緊帶

腰帶

脇線（摺雙）　　中心　　脇線

裙片（2片）

前・後中心（摺雙）

4.8

18的下襬線

9.5
10
10.5
10.5

9.5
10
10.5
10.5

17的下襬線

4.8

1.2　褶線

1.2

落機縫

鬆緊帶

圖上四個數字分別代表

S尺寸
M尺寸
L尺寸
LL尺寸

只標示一個數字的代表共通使用

製作順序　（共通）

2　**17**
3
1

4・5・6

18

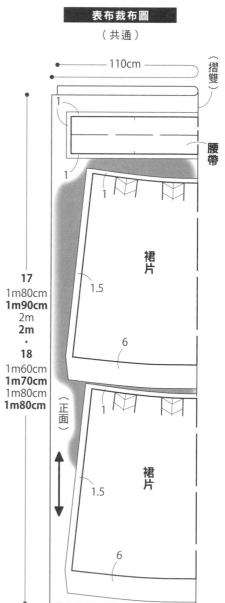

表布裁布圖
（共通）

110cm

摺雙

腰帶

1
1
1

裙片

1.5

6

17
1m80cm
1m90cm
2m
2m
・
18
1m60cm
1m70cm
1m80cm
1m80cm

（正面）

1

裙片

1.5

6

56

1 車縫脇線‧車縫下襬。

① 車縫。

Z字形車縫

裙片（背面）

裙片（背面）

② 燙開。

③ 三摺邊車縫。

0.2

（背面）

1

5

2 製作腰帶。

① 對摺。

② 車縫。

預留 5.5 cm

腰帶（背面）

腰帶（背面）

① 燙開。

0.8

② 摺疊。

1.2

② 車縫。

① 摺疊褶線。

腰帶（正面）

3 摺疊褶襇。

摺疊褶襇，記號邊端車縫固定。

裙片（正面）

4 接縫腰帶。

① 重疊裙片和腰帶。

裙片（背面）

② 車縫。

腰帶（背面）

避開

5 腰帶落機縫固定。

（正面）

② 縫線邊緣落機縫。

腰帶（正面）

裙片（背面）

① 翻起腰帶摺入縫份。

6 穿過鬆緊帶。

腰帶（正面）

① 穿過鬆緊帶。

鬆緊帶

（正面）

② 車縫兩次。

裙片（背面）

完成

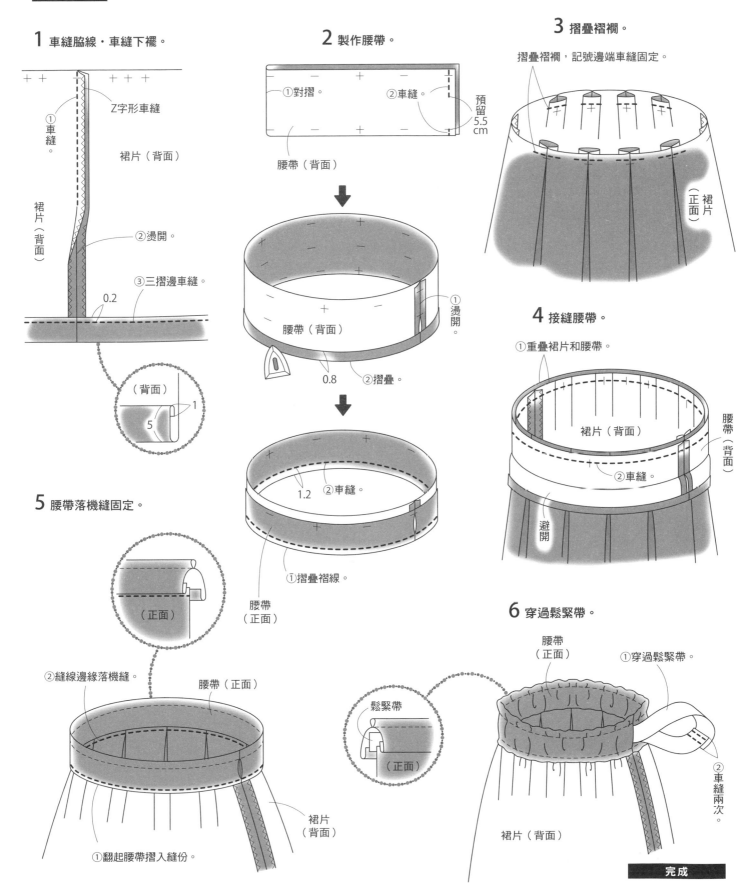

 P.20 **19**

 P.21 **20**

圖上四個數字分別代表

S尺寸
M尺寸
L尺寸
LL尺寸

只標示一個數字的代表共通使用

材料	尺寸	S	M	L	LL
19 表布（聚酯纖維棉混紡布）	寬118cm	1m80cm	1m90cm	2m	2m
20 表布（棉質布）	寬108cm	1m60cm	1m70cm	1m80cm	1m80cm
鬆緊帶	寬40mm	70cm	75cm	80cm	85cm
完成尺寸	**19** 裙長	69cm	72.5cm	76cm	76cm
	20 裙長	59.5cm	62.5cm	65.5cm	65.5cm

關於紙型

◆原寸紙型：A面17。

◆使用部分：裙子／腰帶

◆紙型的修改

＊取消褶襉，改作細褶。

＊腰帶寬度改窄。

＊**20** 將裙長改短。

= 紙型

鬆緊帶長度 ＝（包含縫份2）
68
72
76
82

穿過鬆緊帶

腰帶

褶線

4.5
4.5

脇線（摺雙）　中心　脇線

取消褶襉，改作細褶

前・後中心（摺雙）

裙片（2片）

9.5
10
10.5
10.5

20的下襬線　4.8

9.5
10
10.5
10.5

4.8

19的下襬線

褶線

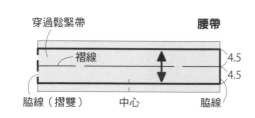
落機縫
鬆緊帶

表布裁布圖

（共通）

19 118cm
20 108cm

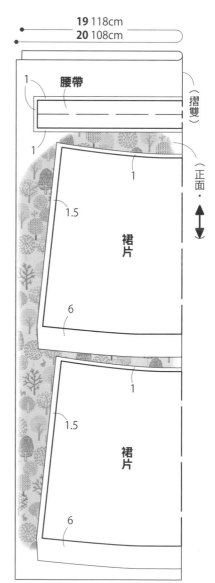

1
腰帶
（摺雙）

1

1

1.5

裙片

6

（正面・）

1

1.5

裙片

6

19
1m80cm
1m90cm
2m
2m
・
20
1m60cm
1m70cm
1m80cm
1m80cm

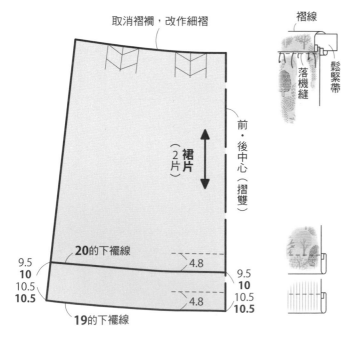

20

4·5 2

3

1

19

製作方法（共通） ◆**一開始**◆邊端全部進行Z字形車縫。（脇線）

1 車縫脇線・車縫下襬。

（背面）裙片

①車縫。

Z字形車縫

裙片（背面）

②燙開。

③三摺邊車縫。

0.2

（背面）

1
5

2 製作腰帶。

①對摺。 ②車縫。

預留4.5cm

腰帶（背面）

腰帶（背面）

①燙開。

0.8 ②摺疊。

3 粗針目車縫，抽拉細褶，和腰帶一起以珠針固定。

0.3 粗針目車縫

0.3

裙片（背面）

①腰帶置入裙片內側。

腰帶（背面）

裙片（背面）

②合印記號處以珠針固定。

4 抽拉細褶，車縫固定。

②車縫。

腰帶（背面）

①一起抽拉兩條下線，製作細褶。

裙片（背面）

5 腰帶車縫固定，穿過鬆緊帶。
（參考P.57）

②縫線邊端落機縫。

腰帶（正面）

鬆緊帶

（正面）

③抽掉粗針目車縫線。

裙片（背面）

①腰帶往內側摺疊。

④穿過鬆緊帶。

完成

材料	尺寸	S	M	L	LL
表布（棉質裡毛針織布）	寬168cm	1m	1m10cm	1m10cm	1m10cm
黏著襯（FV-2N）	寬10cm	5cm	5cm	5cm	5cm
鬆緊帶	寬30mm	70cm	75cm	80cm	85cm
圓繩	直徑5mm	1m70cm	1m70cm	1m75cm	1m80cm
完成尺寸	裙長	55cm	59cm	62cm	62cm

圖上四個數字分別代表
S尺寸
M尺寸
L尺寸
LL尺寸
只標示一個數字的代表共通使用

關於紙型

◆原寸紙型：B面21。

◆使用部分：前・後片／口袋

= 紙型

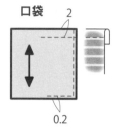

口袋

鬆緊帶長度＝
（包含縫份2）
68
72
76
82

繩子（圓繩）長度＝
166
170
174
180

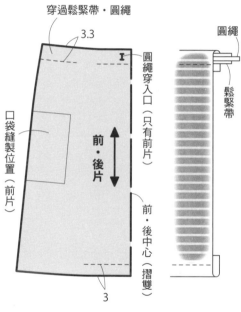

穿過鬆緊帶・圓繩

3.3

圓繩穿入口（只有前片）

口袋縫製位置（前片）

前・後片

前・後中心（摺雙）

3

圓繩

鬆緊帶

製作順序

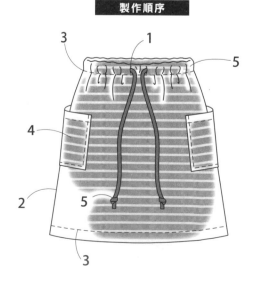

表布裁布圖

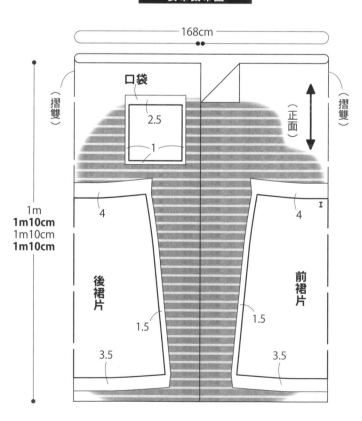

168cm

口袋

2.5

1

（摺雙）

正面

（摺雙）

1m
1m10cm
1m10cm
1m10cm

4

4

後裙片

前裙片

1.5

1.5

3.5

3.5

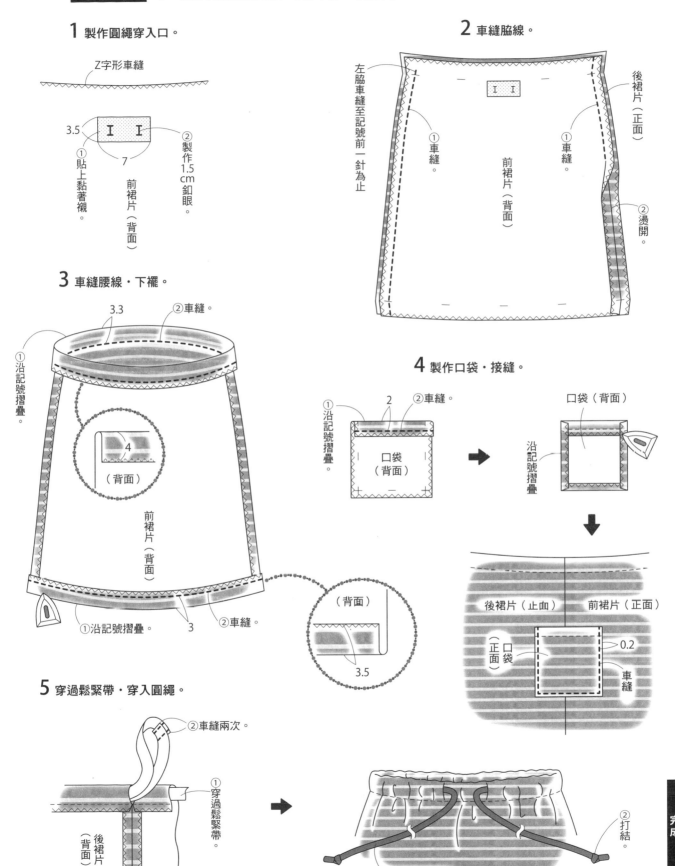

製作方法 ◆一開始◆邊端全部進行Z字形車縫。（裙片本體・口袋）

1 製作圓繩穿入口。

Z字形車縫

3.5
7
① 貼上黏著襯。
② 製作1.5cm釦眼。
前裙片（背面）

2 車縫脇線。

左脇車縫至記號前一針為止
① 車縫。
後裙片（正面）
① 車縫。
② 燙開。
前裙片（背面）

3 車縫腰線・下襬。

3.3
② 車縫。
① 沿記號摺疊。
4（背面）
前裙片（背面）
① 沿記號摺疊。
3
② 車縫。
（背面）
3.5

4 製作口袋・接縫。

① 沿記號摺疊。
2
② 車縫。
口袋（背面）
口袋（背面）
沿記號摺疊

後裙片（正面）　前裙片（正面）
正面口袋
0.2
車縫

5 穿過鬆緊帶・穿入圓繩。

② 車縫兩次。
① 穿過鬆緊帶。
後裙片（背面）

① 穿入圓繩。
② 打結。

完成

61

材料	尺寸	S	M	L	LL
表布（棉質布）	寬110cm	1m90cm	2m	2m10cm	2m10cm
黏著襯（VILENE・FV-2N）	寬10cm	5cm	5cm	5cm	5cm
鬆緊帶	寬30mm	70cm	75cm	80cm	85cm
圓繩	直徑5mm	1m70cm	1m70cm	1m75cm	1m80cm
完成尺寸	裙長	75cm	80cm	84cm	84cm

圖上四個數字分別代表
S尺寸
M尺寸
L尺寸
LL尺寸
只標示一個數字的代表共通使用

關於紙型

◆原寸紙型：B面21。

◆使用部分：前・後／口袋

◆紙型的修改

＊加長裙子長度。

＊後中心接合兩片、加上開叉止點。

□＝紙型

圓繩長度＝
166
170
174
180

鬆緊帶長度＝（包含縫份2）
68
72
76
82

口袋
↕
2
0.2

表布裁布圖

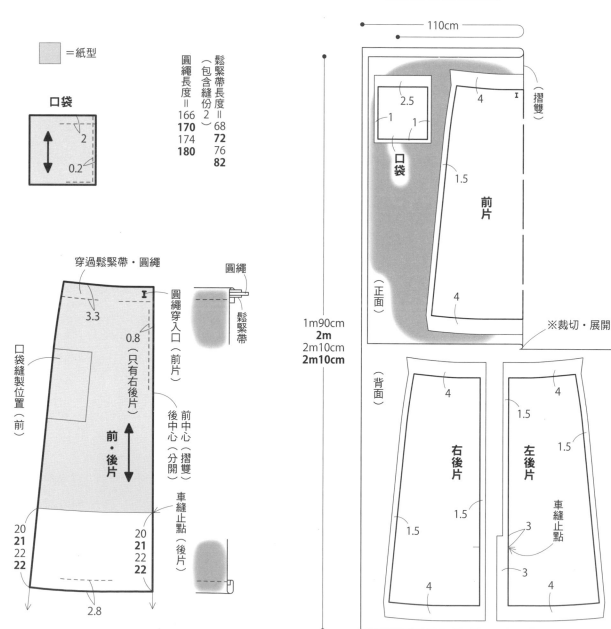

穿過鬆緊帶・圓繩

3.3

0.8

圓繩穿入口（前片）（只有右後片）

圓繩
鬆緊帶

前中心（摺雙）
後中心（分開）

口袋縫製位置（前）

前・後片

車縫止點（後片）

20
21
22
22

20
21
22
22

2.8

110cm

2.5
1　1
口袋

4
（摺雙）

1.5

前片

4

（正面）

1m90cm
2m
2m10cm
2m10cm

※裁切・展開

（背面）

4
1.5

右後片

1.5

4

4
1.5
1.5

左後片

3
車縫止點
3

4

1 車縫後中心。

2 車縫開叉。

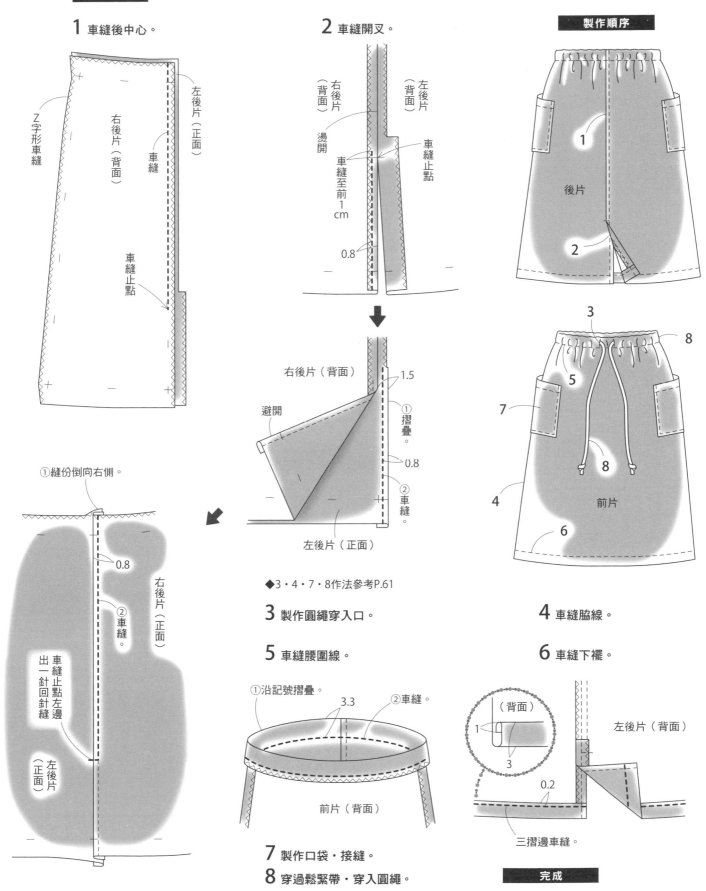

Z字形車縫

右後片（背面）

左後片（正面）

車縫

車縫止點

左後片（背面）

右後片（背面）

左後片（背面）

燙開

車縫至前1cm

車縫止點

0.8

後片

①縫份倒向右側。

右後片（背面）

避開

1.5

①摺疊。

0.8

②車縫。

左後片（正面）

◆3・4・7・8作法參考P.61

3 製作圓繩穿入口。

5 車縫腰圍線。

3

8

5

7

8

4

前片

6

①縫份倒向右側。

0.8

②車縫。

右後片（正面）

車縫止點左邊
出一針回針縫

左後片（正面）

①沿記號摺疊。

3.3

②車縫。

前片（背面）

7 製作口袋・接縫。

8 穿過鬆緊帶・穿入圓繩。

4 車縫脇線。

6 車縫下襬。

（背面）

1

3

左後片（背面）

0.2

三摺邊車縫。

P.24 **23**

P.25 **24**

材料 尺寸		S	M	L	LL
23 表布（聚酯纖維混紡布）	寬146cm	1m80cm	1m90cm	2m	2m
24 表布（羊毛布）	寬146cm	1m40cm	1m50cm	1m60cm	1m60cm
鬆緊帶	寬30mm	70cm	75cm	80cm	85cm
完成尺寸	**23** 裙長	76.5cm	81.5cm	85.5cm	85.5cm
	24 裙長	57.5cm	61.5cm	64.5cm	64.5cm

關於紙型

◆原寸紙型：B面24。

◆使用部分：右前片／左前片／後片／腰帶

◆紙型的修改

＊**23**將裙長加長。 **24**請直接使用紙型。

圖上四個數字分別代表

S尺寸
M尺寸
L尺寸
LL尺寸

只標示一個數字的代表共通使用

＝紙型

鬆緊帶　落機縫

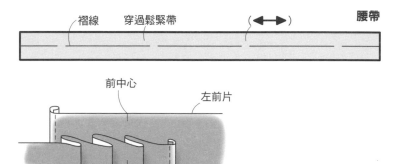

褶線　穿過鬆緊帶　（◆→）　**腰帶**

前中心　　左前片

右前片

鬆緊帶長度＝
（包含縫份2）
68
72
76
82

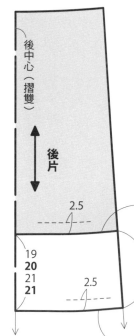

後中心（摺雙）　後片

2.5

19
20
21
21

2.5

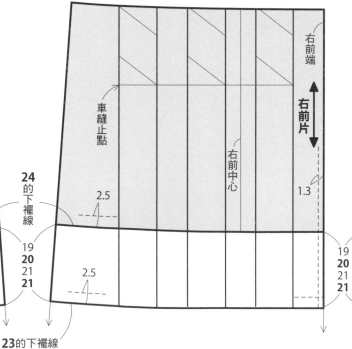

24的下襬線

車縫止點

2.5

右前中心

19
20
21
21

2.5

23的下襬線

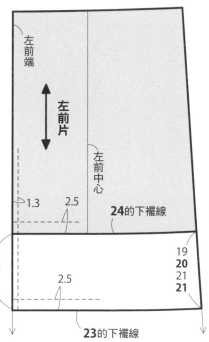

右前端　右前片　1.3

左前端　左前片

左前中心

1.3　2.5

24的下襬線

19
20
21
21

2.5

23的下襬線

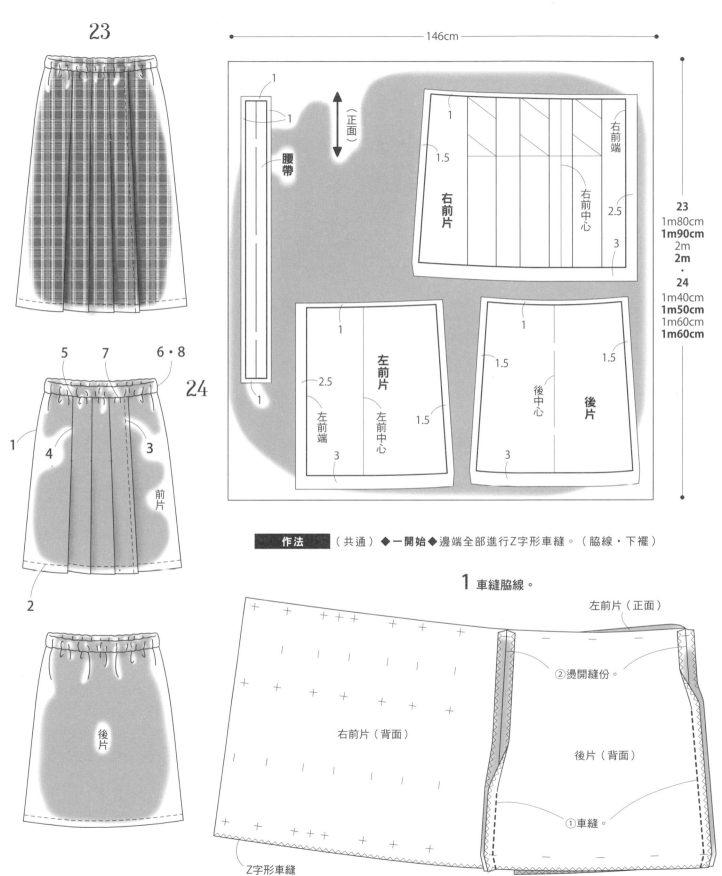

23

24

146cm

腰帶

（正面）

右前片

右前端

右前中心

1

1.5

2.5

3

左前片

左前端

左前中心

1

2.5

1.5

3

後片

後中心

後片

1

1.5

1.5

3

23
1m80cm
1m90cm
2m
2m
・
24
1m40cm
1m50cm
1m60cm
1m60cm

前片

後片

作法 （共通）◆一開始◆邊端全部進行Z字形車縫。（脇線・下襬）

1 車縫脇線。

左前片（正面）

②燙開縫份。

右前片（背面）

後片（背面）

①車縫。

Z字形車縫

2 車縫脇邊線。

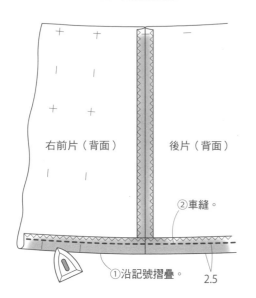

右前片（背面）　後片（背面）

②車縫。

①沿記號摺疊。

2.5

3 車縫前端。（左前片相同）

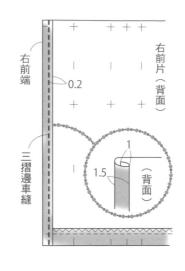

右前端

0.2

右前片（背面）

三摺邊車縫

1

1.5

（背面）

4 車縫褶子。

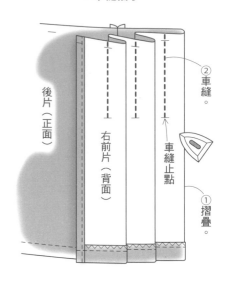

②車縫。

後片（正面）

右前片（背面）

車縫止點

①摺疊。

5 摺疊褶子，重疊左前片車縫固定。

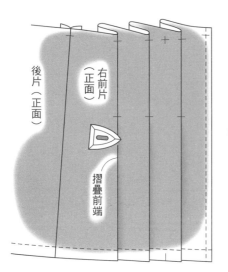

後片（正面）

右前片（正面）

摺疊前端

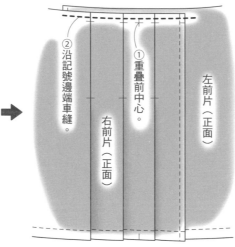

②沿記號邊端車縫。

①重疊前中心。

右前片（正面）

左前片（正面）

6 製作腰帶。

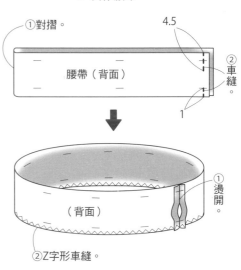

①對摺。

4.5

腰帶（背面）

②車縫。

1

（背面）

①燙開。

②Z字形車縫。

7 接縫腰帶。

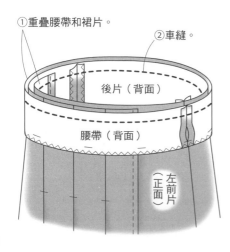

①重疊腰帶和裙片。

②車縫。

後片（背面）

腰帶（背面）

左前片（正面）

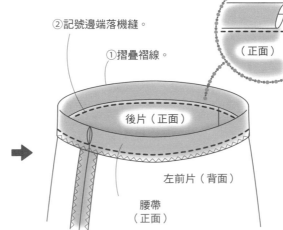

②記號邊端落機縫。

①摺疊褶線。

（正面）

後片（正面）

左前片（背面）

腰帶（正面）

8 穿過鬆緊帶。

②重疊2cm車縫。

①穿過鬆緊帶。

左前片（背面）

完成

P.26 **25** P.27 **26**

圖上四個數字分別代表

S尺寸
M尺寸
L尺寸
LL尺寸

只標示一個數字的代表共通使用

□ ＝紙型

材料	尺寸	S	M	L	LL
25 表布（棉布）	寬108cm	1m40cm	1m50cm	1m60cm	1m60cm
25 黏著襯（VILENE・FV-2N）	寬10cm	60cm	70cm	70cm	70cm
26 表布（人字呢）	寬148cm	1m70cm	1m80cm	1m90cm	1m90cm
26 黏著襯（VILENE・FV-2N）	寬10cm	80cm	90cm	90cm	90cm
26 裝飾腰帶（開洞）		2組	2組	2組	2組
鬆緊帶	寬30mm	70cm	75cm	80cm	85cm
完成尺寸	**25** 裙長	54.5cm	58.5cm	61.5cm	61.5cm
	26 裙長	76.5cm	81.5cm	85.5cm	85.5cm

關於紙型

◆原寸紙型：B面24。

◆使用部分：左前片／後片／腰帶

◆紙型的修改

＊前片重疊寬度改窄。

＊**25**將裙長改短。**26**將裙長加長。

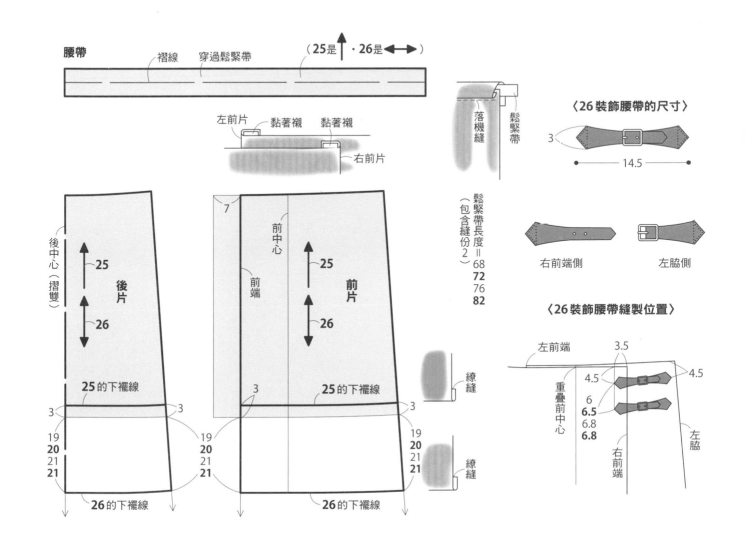

製作方法（共通）

◆一開始◆
①貼上黏著襯。（前端）
②邊端全部進行Z字形車縫。
　（前端・下襬線・脇線）

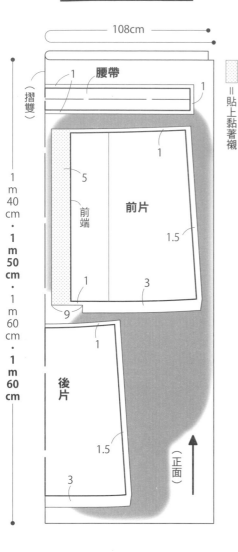

108cm

腰帶

（摺雙）

（前端）

前片

1 m 40 cm・**1 m 50 cm**・1 m 60 cm・**1 m 60 cm**

後片

（正面）

= 貼上黏著襯

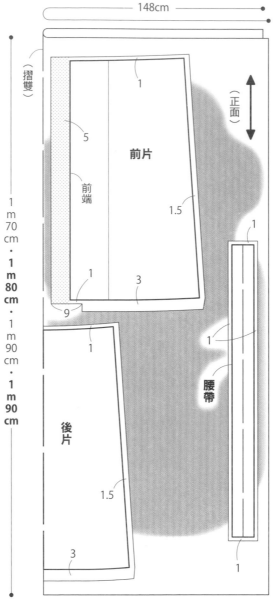

148cm

（摺雙）

（正面）

前片

（前端）

腰帶

1 m 70 cm・**1 m 80 cm**・1 m 90 cm・**1 m 90 cm**

後片

　=貼上黏著襯

1 車縫脇線。

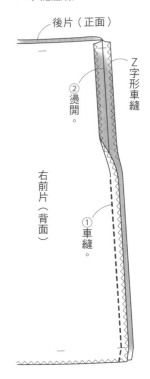

後片（正面）

右前片（背面）

Z字形車縫

②燙開。

①車縫。

2 車縫前端下襬。

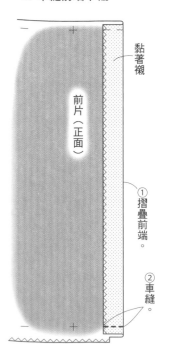

黏著襯

前片（正面）

①摺疊前端。

②車縫。

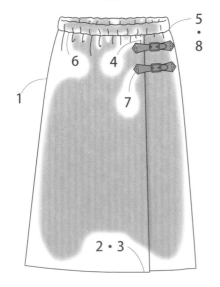

26

5・8

6　4

1

7

2・3

25

3 下襬繚縫。

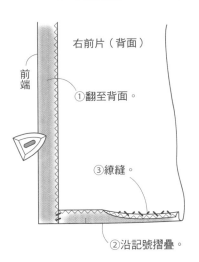

右前片（背面）

前端

①翻至背面。

③繚縫。

②沿記號摺疊。

4 右前片和左前片車縫固定。

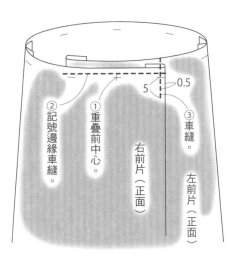

0.5

5

②記號邊緣車縫。

①重疊前中心。

③車縫。

右前片（正面）

左前片（正面）

5 製作腰帶。

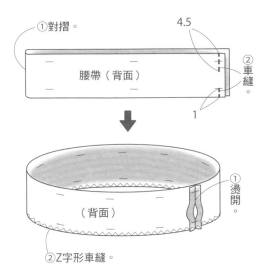

①對摺。

4.5

腰帶（背面）

②車縫。

1

①燙開。

（背面）

②Z字形車縫。

6 製作腰帶。

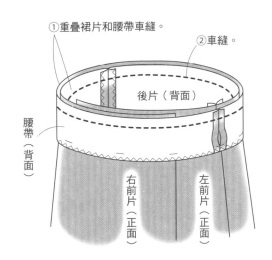

①重疊裙片和腰帶車縫。

②車縫。

後片（背面）

腰帶（背面）

右前片（正面）

左前片（正面）

②縫線邊端落機縫。

①摺疊褶線。

（正面）

後片（正面）

腰帶（正面）

左前片（背面）

7 接縫裝飾腰帶。（只有**26**）

＊回針縫作法＊

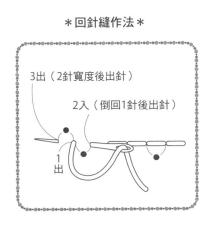

3出（2針寬度後出針）

2入（倒回1針後出針）

1出

右前端回針縫固定

左前端回針縫固定

右前片（正面）

裝飾腰帶

左前片（正面）

8 穿過鬆緊帶。

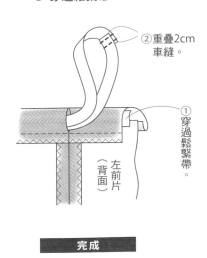

②重疊2cm車縫。

①穿過鬆緊帶。

左前片（背面）

完成

P.28 27

材料	尺寸	S	M	L	LL
表布（羊毛呢）	寬144cm	1m70cm	1m80cm	1m90cm	1m90cm
鬆緊帶	寬30mm	70cm	75cm	80cm	85cm
完成尺寸	裙長	70.5cm	75cm	78.5cm	78.5cm

圖上四個數字分別代表
S尺寸
M尺寸
L尺寸
LL尺寸
只標示一個數字的代表共通使用

紙型

◆原寸紙型：A面27。

◆使用部分：裙／腰帶

☐ ＝紙型

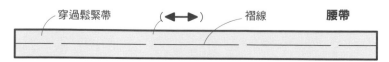

穿過鬆緊帶　（↔）　褶線　**腰帶**

鬆緊帶長度＝
（包含縫份2）
68
72
76
82

脇線
前・後中心（分開連接）
裙片
4片

鬆緊帶
落機縫

繚縫

表布裁布圖

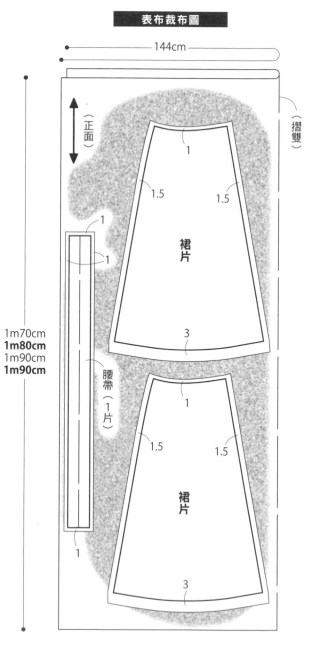

144cm

（正面）
（摺雙）

1m70cm
1m80cm
1m90cm
1m90cm

裙片
1
1.5　1.5
3

腰帶（1片）
1
1

裙片
1
1.5　1.5
3

製作順序

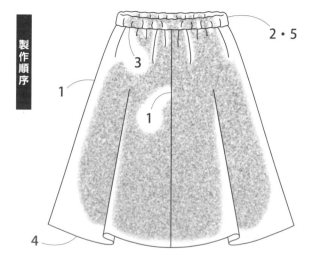

2・5
3
1
1
4

◆一開始◆邊端全部進行Z字形車縫。（前中心・後中心・脇線・下襬線）

1 車縫前中心・後中心・脇線。

裙片（正面）

Z字形車縫

①車縫。

裙片（背面）

裙片（背面）

②燙開縫份。

2 製作腰帶。

①對摺。

4.5

腰帶（背面）

②車縫。

1

①燙開

（背面）

②摺疊。

0.8

3 接縫腰帶。

①重疊腰帶和裙片。

裙片（背面）

②車縫。

腰帶（背面）

裙片（正面）

脇線

①摺疊褶線。

②縫線邊緣落機縫。

（正面）

（正面）

裙片（背面）

腰帶（正面）

4 下襬繚縫。

粗針目車縫

裙片（背面）

0.3至0.5cm

①縫份抽拉下線縮合。

（背面）

③繚縫。

②沿記號摺疊。

5 穿過鬆緊帶。

②重疊2cm車縫。

①穿過鬆緊帶。

裙片（背面）

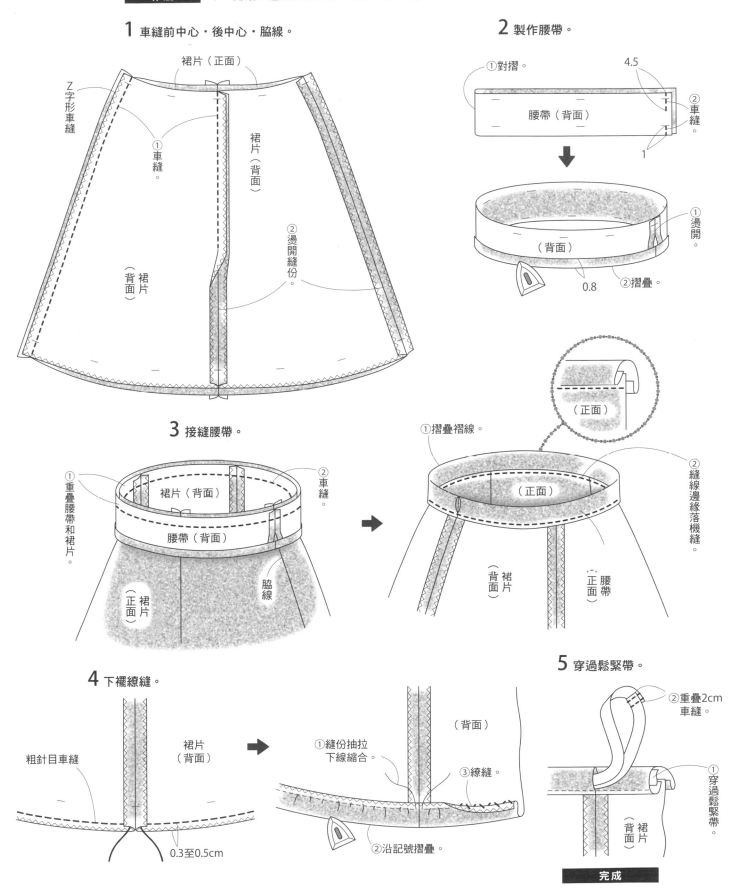

材料	尺寸	S	M	L	LL
表布（棉布）	寬110cm	1m70cm	1m80cm	1m90cm	2m
鬆緊帶	寬30mm	70cm	75cm	80cm	85cm
完成尺寸	裙長	51.5cm	55cm	57.5cm	57.5cm

圖上四個數字分別代表
S尺寸
M尺寸
L尺寸
LL尺寸
只標示一個數字的代表共通使用

關於紙型

◆原寸紙型：A面27。

◆使用部分：裙片／腰帶

＊描繪紙型時從中心往左右展開。

◆紙型的修改

＊將裙長改短。

□=紙型

裁布圖

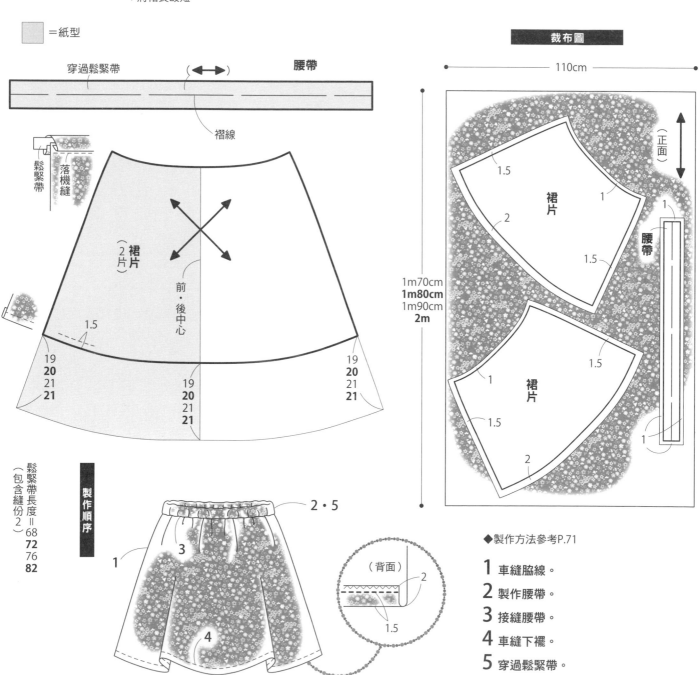

穿過鬆緊帶　（←→）　**腰帶**

褶線

鬆緊帶

落機縫

（2片）裙片

前・後中心

1.5

19 **20** 21 **21**　　19 **20** 21 **21**　　19 **20** 21 **21**

鬆緊帶長度＝
（包含縫份2）
68
72
76
82

製作順序

2・5

1　3　4

（背面）
2
1.5

110cm

1m70cm
1m80cm
1m90cm
2m

（正面）

1.5　裙片　1
2
1.5

腰帶
1

1.5
1　裙片
1.5
2
1

◆製作方法參考P.71

1 車縫脅線。

2 製作腰帶。

3 接縫腰帶。

4 車縫下襬。

5 穿過鬆緊帶。

材料	尺寸	S	M	L	LL
表布（棉布）	寬110cm	2m40cm	2m50cm	2m60cm	2m60cm
釦子	直徑15mm	4個	4個	4個	4個
鬆緊帶	寬30mm	40cm	40cm	40cm	45cm
完成尺寸	裙長	93.8cm	99cm	103.2cm	103.9cm

關於紙型

◆原寸紙型：胸襠布使用B面29，裙片應用B面21。

◆使用部分：29 胸襠布 21 前・後片

＊直線的肩繩部分直接在布料裁剪。

◆紙型的修改

＊前片寬度改窄，裙長加長。口袋需製圖。

＊後裙加長、寬度加寬。

＊後中心接合，加上開叉止點。

圖上四個數字分別代表

S 尺寸

M尺寸

L 尺寸

LL尺寸

只標示一個數字的代表共通使用

=紙型

製作順序

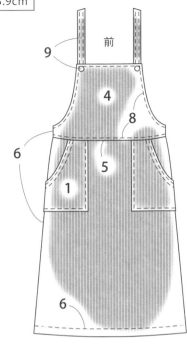

肩繩縫製位置
（背面）

3 1.5

胸襠布（2片）

0.2

前中心（摺雙）

0.2

鬆緊帶長度＝
（包含縫份）
36
37
39
41

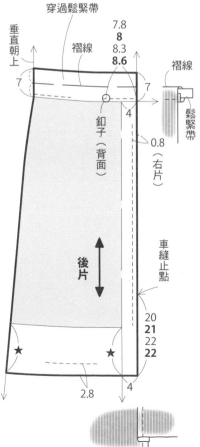

穿過鬆緊帶

垂直朝上

褶線

7.8
8
8.3
8.6

7 7

褶線

釦子（背面）

4

0.8

（右片）

鬆緊帶

後片

車縫止點

20
21
22
22

2.8 4

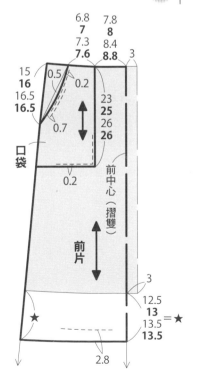

6.8 7.8
7 **8**
7.3 8.4
7.6 **8.8**

3

15 0.5 0.2
16
16.5
16.5

0.7

23
25
26
26

口袋

0.2

前中心（摺雙）

前片

3
12.5
13
13.5 ＝★
13.5

★

2.8

肩繩（2片）

後

4

6

釦眼

0.2

2

83.5
85
86.5
88

褶線

前

4

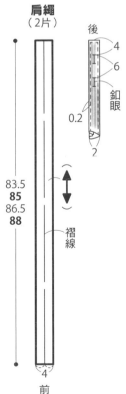

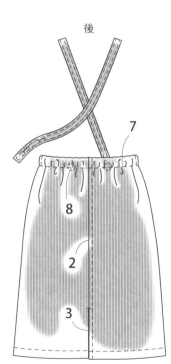

後

7

9

前

4

8

6

5

1

6

8

2

3

1 製作口袋·接縫。

2 車縫後中心。

◆一開始◆
邊端全部進行Z字形車縫。
（後中心·後脇線）

①沿記號摺疊。

Z字形車縫

口袋（正面）

Z字形車縫

0.2

0.7

②車縫。

口袋（背面）

②Z字形車縫。

①車縫0.2cm。

口袋（正面）

前片（正面）

Z字形車縫

右後片（背面）

車縫。

左後片（正面）

車縫止點

表布裁布圖

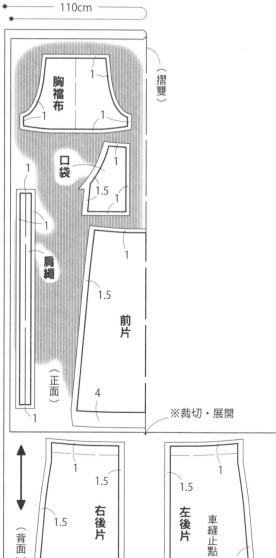

110cm

胸檔布

1

1

1

（摺雙）

口袋

1

1.5

1

肩繩

1.5

前片

1

（正面）

1.5

4

1

2m40cm·2m50cm·2m60cm·2m60cm

※裁切·展開

（背面）

右後片

1

1.5

1.5

1.5

左後片

車縫止點

1

1.5

1.5

4

3

4

3

3 車縫開叉。

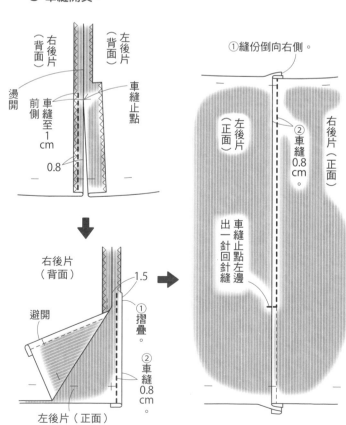

右後片（背面）

左後片（背面）

燙開

前側

車縫至1cm

車縫止點

0.8

右後片（背面）

避開

1.5

①摺疊。

②車縫0.8cm。

左後片（正面）

①縫份倒向右側。

左後片（正面）

②車縫0.8cm。

右後片（正面）

車縫止點左邊出一針回針縫

4 製作胸檔布。（參考P.77）

5 接縫前裙片和胸檔布。

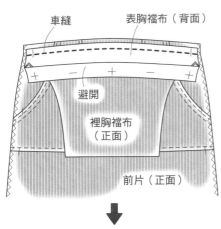

車縫
表胸檔布（背面）

避開
＋ － ＋ ＋
裡胸檔布（正面）

前片（正面）

縫份倒向胸檔布側
表胸檔布（正面）
前片（正面）

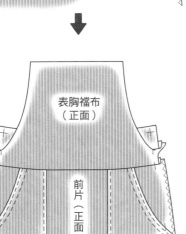

6 車縫脇線・下襬。

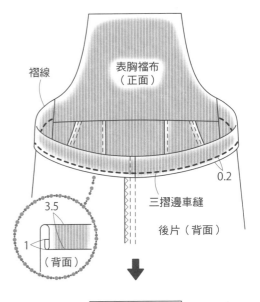

裡胸檔布（正面）

① 縫份倒向裡胸檔布側。
② 車縫。

前片（背面）
後片（正面）

（背面）
1
3

0.2
③ 燙開。

④ 三摺邊車縫。

7 車縫後腰圍線、穿過鬆緊帶。

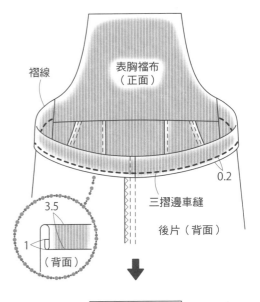

褶線
表胸檔布（正面）

0.2
三摺邊車縫
後片（背面）

3.5
1
（背面）

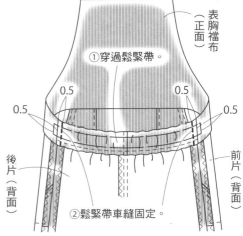

表胸檔布（正面）

① 穿過鬆緊帶。
0.5 0.5
0.5 0.5

後片（背面）
前片（背面）

② 鬆緊帶車縫固定。

8 車縫裡胸檔布、後片裝上釦子。

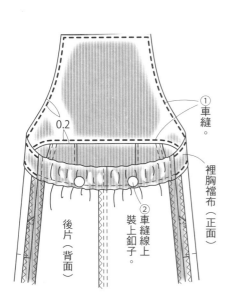

① 車縫。
0.2
② 車縫線上裝上釦子。
裡胸檔布（正面）

後片（背面）

9 製作肩繩・接縫。

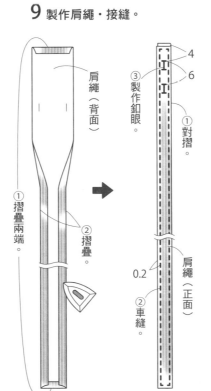

肩繩（背面）

① 摺疊兩端。
② 摺疊。

③ 製作釦眼。
4
6
① 對摺。
0.2
肩繩（正面）
② 車縫。

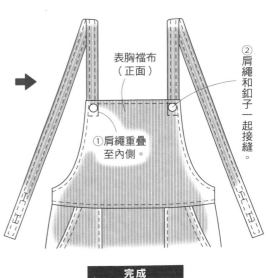

表胸檔布（正面）

① 肩繩重疊至內側。

② 肩繩和釦子一起接縫。

完成

75

材料	尺寸	S	M	L	LL
表布（斜紋棉布）	寬112cm	2m40cm	2m50cm	2m60cm	2m60cm
釦子	直徑15mm	4個	4個	4個	4個
鬆緊帶	寬30mm	40cm	40cm	40cm	45cm
完成尺寸	褲長	111.8cm	116cm	120.2cm	121.9cm

關於紙型

◆原寸紙型：胸襠布B面29、褲子應用B面11。

◆使用部分：29胸襠布・11前／後片

＊直線的肩繩部分直接在布料裁剪。

◆紙型的修改

＊褲長改短，後股上長度加長。

圖上四個數字分別代表

S尺寸
M尺寸
L尺寸
LL尺寸
只標示一個數字的代表共通通用

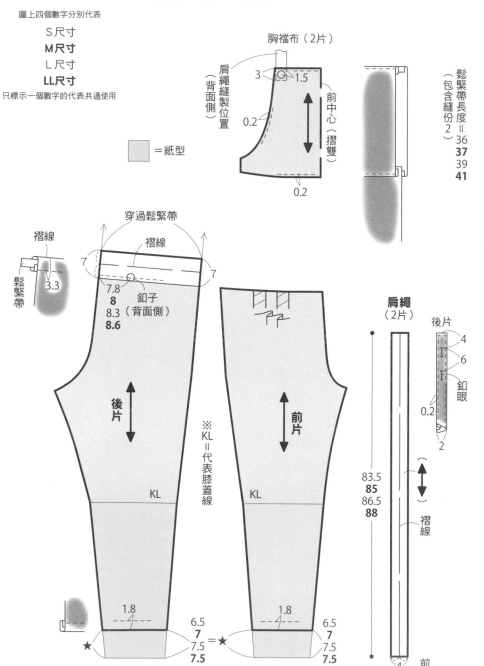

表布裁布圖

◆一開始◆邊端全部進行Z字形車縫。
（脇線・股下線・股圍）

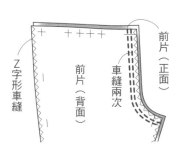

1 車縫股圍線。

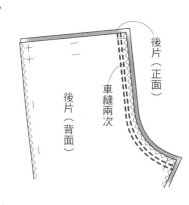

前片（正面）
前片（背面）
車縫兩次
Z字形車縫

後片（正面）
後片（背面）
車縫兩次

2 製作胸襠布。

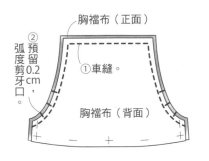

②預留弧度剪0.2牙口cm。
胸襠布（正面）
①車縫。
胸襠布（背面）

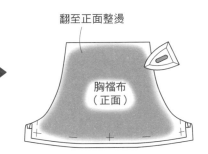

翻至正面整燙
胸襠布（正面）

9
2
8
4 3
1
前

7
8
1
後

3 摺疊褶襉。

摺疊褶襉，記號邊緣車縫。
前片（正面）

5 車縫脇線・股下線。

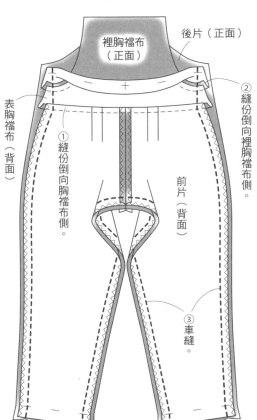

裡胸襠布（正面）
後片（正面）
②縫份倒向裡胸襠布側。
表胸襠布（背面）
①縫份倒向胸襠布側。
前片（背面）
③車縫。

6 車縫下襬。

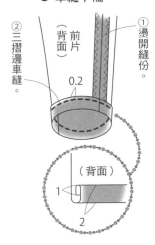

②三摺邊車縫。
前片（背面）
①燙開縫份。
0.2
（背面）
1
2

4 接縫前褲管和胸襠布。

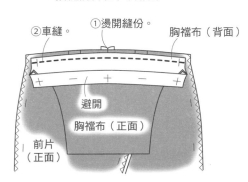

②車縫。
①燙開縫份。
胸襠布（背面）
避開
胸襠布（正面）
前片（正面）

◆7至9製作方法參考P.75

7 車縫後腰線，穿過鬆緊帶。

8 車縫裡胸襠布，接縫後釦。

9 製作肩繩・接縫。

完成

31材料	尺寸	S	M	L	LL
表布（銅氨嫘縈）	寬122cm	1m20cm	1m30cm	1m40cm	1m40cm
鬆緊帶	寬15mm	70cm	75cm	80cm	85cm
完成尺寸	裙長	45.5cm	49cm	51.5cm	51.5cm

圖上四個數字分別代表
S尺寸
M尺寸
L 尺寸
LL尺寸
只標示一個數字的代表共通使用

▊ 關於紙型

◆原寸紙型：B面21。

◆使用部分：前・後片

◆紙型的修改

＊將裙長改短。

P.32 **32**

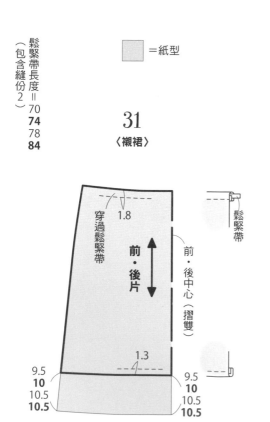

32材料	尺寸	S	M	L	LL
表布（銅氨嫘縈）	寬122cm	1m40cm	1m50cm	1m60cm	1m60cm
鬆緊帶	寬15mm	70cm	75cm	80cm	85cm
完成尺寸	褲長	58.5cm	61cm	63.5cm	64.5cm

▊ 關於紙型

◆原寸紙型：B面15。

◆使用部分：前／後片

◆紙型的修改

＊將褲長改短。

32

〈襯褲〉

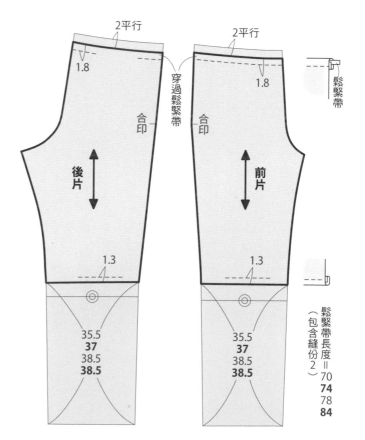

□ ＝紙型

31

〈襯裙〉

鬆緊帶長度＝
（包含縫份2）
70
74
78
84

31表布裁布圖

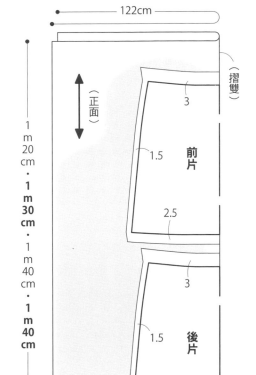

122cm

（摺雙）

（正面）

1 m 20 cm・**1 m 30 cm**・1 m 40 cm・**1 m 40 cm**

3

1.5

前片

2.5

3

1.5

後片

2.5

31 製作順序

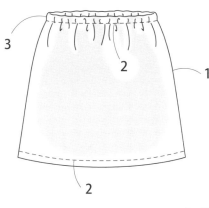

3

2

1

2

製作方法　（襯褲）

1 車縫脇線。

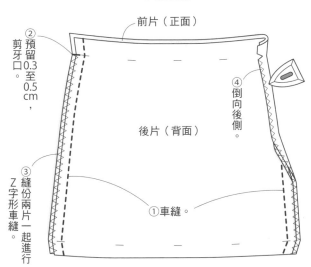

前片（正面）

② 預留0.3至0.5cm，剪牙口。

④ 倒向後側。

後片（背面）

③ 縫份兩片一起進行Z字形車縫。

① 車縫。

2 車縫腰線・下襬。

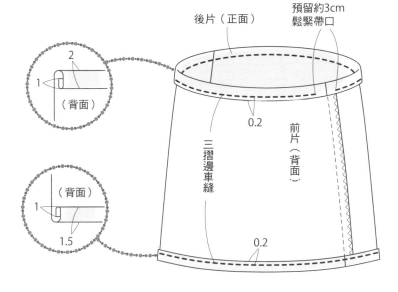

後片（正面）

預留約3cm鬆緊帶口

（背面）

2

1

0.2

前片（背面）

三摺邊車縫

（背面）

1

1.5

0.2

3 穿過鬆緊帶。

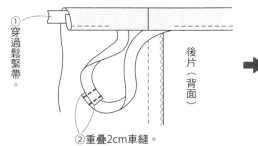

① 穿過鬆緊帶。

後片（背面）

② 重疊2cm車縫。

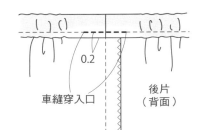

0.2

車縫穿入口

後片（背面）

完成

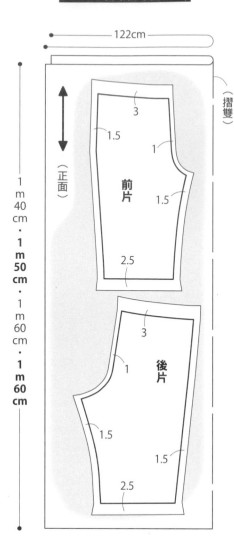

1m 40cm・**1m 50cm**・1m 60cm・**1m 60cm**

122cm

（摺雙）

（正面）

3
1.5
1

前片

1.5

2.5

3
1

後片

1.5
1.5

2.5

3 車縫股圍。

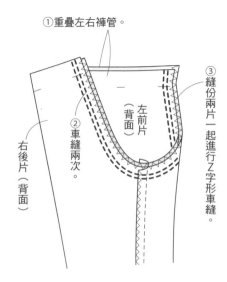

①重疊左右褲管。

右後片（背面）

②車縫兩次。

左前片（背面）

③縫份兩片一起進行Z字形車縫。

4・5

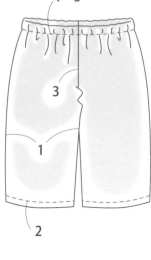

3
1
2

2 車縫下襬。

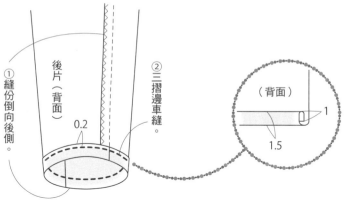

①縫份倒向後側。

後片（背面）

②三摺邊車縫。

0.2

（背面）

1
1.5

4 車縫腰線。

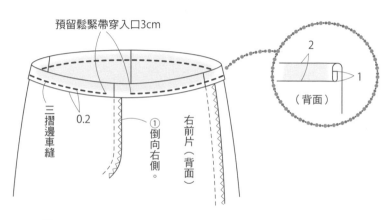

預留鬆緊帶穿入口3cm

三摺邊車縫

0.2

①倒向右側。

右前片（背面）

（背面）

2
1

5 穿過鬆緊帶。（參考P.79）

1 車縫脇線・股下線。

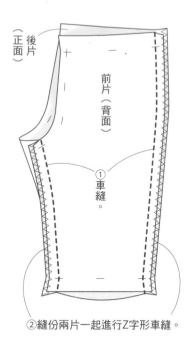

（正面）

後片
前片（背面）

①車縫。

②縫份兩片一起進行Z字形車縫。

完成

國家圖書館出版品預行編目(CIP)資料

無拉鍊設計的一日縫紉：簡單有型的鬆緊帶褲＆
裙/ Boutique-sha著; 洪鈺惠譯. – 三版. – 新北市：
雅書堂文化, 2022.12
　　面；　　公分. -- (Sewing縫紉家; 17)
ISBN 978-986-302-652-5(平裝)

1.縫紉 2.衣飾 3.手工藝

426.3　　　　　　　　　　111019850

◨Sewing 縫紉家 17

無拉鍊設計的一日縫紉
簡單有型的鬆緊帶褲&裙（好評熱銷版）

作　　者／Boutique-sha

譯　　者／洪鈺惠

發 行 人／詹慶和

執行編輯／劉蕙寧

編　　輯／蔡毓玲‧黃璟安‧陳姿伶

封面設計／周盈汝‧陳麗娜

美術編輯／韓欣恬

內頁排版／造極

出 版 者／雅書堂文化事業有限公司

發 行 者／雅書堂文化事業有限公司

郵撥帳號／18225950　戶名：雅書堂文化事業有限公司

地　　址／新北市板橋區板新路206號3樓

電　　話／(02)8952-4078

傳　　真／(02)8952-4084

網　　址／www.elegantbooks.com.tw

電子郵件／elegant.books@msa.hinet.net

2022年12月三版一刷　定價380元

Lady Boutique Series No.4135
「FASTENER TSUKE GA IRANAI PANTS TO SKIRT」
Copyright © 2015 Boutique-sha, Inc.
All rights reserved.
Original Japanese edition published in Japan by BOUTIQUE-SHA.
Chinese (in complex character) translation rights arranged with BOUTIQUE-SHA
through KEIO CULTURAL ENTERPRISE CO., LTD.

經銷／易可數位行銷股份有限公司

地址／新北市新店區寶橋路235巷6弄3號5樓

電話／(02)8911-0825

傳真／(02)8911-0801

版權所有‧翻印必究

（未經同意不得將本著作物之任何內容以任何形式使用刊載）
本書如有破損缺頁請寄回本公司更換

Staff
責任編輯／和田尚子　坪明美
攝影／奧川純　（人物）　腰塚良彥（單品）
妝髮／三輪昌子
模特兒／micari
封面設計／滝本理惠　渡部美和（ARENSKI）
插畫／たけうちみわ（trifle-biz）
紙型‧製圖／長谷川綾子
作法校閱／関口恭子

縫紉家  Sewing　完美手作服の必看參考書籍

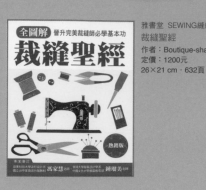

雅書堂 SEWING縫紉家1
裁縫聖經
作者：Boutique-sha
定價：1200元
26×21 cm．632頁

雅書堂 FUN手作13
手作族一定要會的
裁縫基本功
授權：Boutique社
定價：380元
26×21 cm．128頁

本圖摘自《一件有型‧文青女子系連身褲&連身裙》

雅書堂 SEWING縫紉家2
手作服基礎班：
畫紙型&裁布技巧book
作者：水野佳子
定價：350元
26×19 cm．96頁

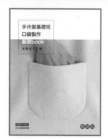

雅書堂 SEWING縫紉家3
手作服基礎班：
口袋製作基礎book
作者：水野佳子
定價：320元
26×19cm．72頁

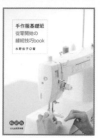

雅書堂 SEWING縫紉家4
手作服基礎班：
從零開始的縫紉技巧book
作者：水野佳子
定價：380元
26×19 cm．132頁

雅書堂 SEWING縫紉家5
手作達人縫紉筆記：
手作服這樣作就對了
作者：月居良子
定價：380元
26×19cm．96頁

雅書堂 SEWING縫紉家38
設計自己的襯衫&上衣‧
基礎版型×細節設計的
原創風格
作者：野木陽子
定價：480元
26×21 cm．96頁

雅書堂 SEWING縫紉家19
專業裁縫師的紙型修正祕訣
作者：土屋郁子
定價：580元
26×21 cm．152頁

雅書堂 SEWING縫紉家21
在家自學縫紉的基礎教科書
作者：伊藤みちよ
定價：450元
26×19 cm．112頁

雅書堂 SEWING縫紉家28
輕鬆學手作服設計課‧
4款版型作出16種變化
作者：香田あおい
定價：420元
26×19 cm．112頁

雅書堂 SEWING縫紉家17
無拉鍊設計的一日縫紉：
簡單有型的鬆緊帶褲&裙
作者：BOUTIQUE-SHA
定價：380元
26×21 cm．80頁

雅書堂 SEWING縫紉家34
無拉鍊×輕鬆縫‧鬆緊帶
設計的褲&裙&配件小物
作者：BOUTIQUE-SHA
定價：420元
26×21 cm．96頁

雅書堂 SEWING縫紉家35
25款經典設計隨你挑！
自己作絕對好穿搭的手作裙
作者：BOUTIQUE-SHA
定價：420元
26×21 cm．96頁

雅書堂 SEWING縫紉家39
一件有型‧文青女子系
連身褲&連身裙
授權：Boutique社
定價：420元
26×21 cm．80頁

雅書堂 *SEWING縫紉家36*
設計師媽咪親手作‧
可愛小女孩的日常＆外出服
作者：鳥巢彩子
定價：420元
26×21 cm‧96頁

雅書堂 *SEWING縫紉家41*
媽媽跟我穿一樣的！
媽咪＆小公主的手作親子裝
授權：Boutique-sha
定價：420元
26×21 cm‧80頁

雅書堂 *SEWING縫紉家42*
小女兒的設計師訂製服
作者：片貝夕起
定價：520元
26×21 cm‧104頁

雅書堂 *SEWING縫紉家29*
量身訂作‧有型有款的男
子襯衫：休閒‧正式‧軍
裝‧工裝襯衫一次學完
作者：杉本善英
定價：420元
26×19 cm‧88頁

美日文本 生活書4
西裝的鐵則
作者：森岡 弘
定價：380元
26×18.5 cm‧96頁

雅書堂 *SEWING縫紉家44*
温室裁縫師：
手工縫製的温柔系
棉麻質感日常服
作者：温可柔
定價：520元
26×21 cm‧136頁

雅書堂 *SEWING縫紉家27*
設計師的私房款手作服
作者：海外竜也
定價：420元
26×19 cm‧96頁

雅書堂 *SEWING縫紉家37*
服裝設計師教你紙型的應
用與變化‧自己作20款質
感系手作服
作者：月居良子
定價：420元
27.5×21 cm‧96頁

雅書堂 *SEWING縫紉家22*
簡單穿就好看！
大人女子的生活感製衣書
作者：伊藤みちよ
定價：380元
26×21 cm‧80頁

雅書堂 *SEWING縫紉家33*
今天就穿這一款！
May Me的百搭大人手作服
作者：伊藤みちよ
定價：420元
26×21 cm‧88頁

雅書堂 *SEWING縫紉家32*
布料嚴選‧鎌倉SWANY的
自然風手作服
作者：主婦與生活社
定價：420元
28.5×21 cm‧88頁

雅書堂 *SEWING縫紉家31*
舒適自然的手作‧設計師
愛穿的大人感手作服
作者：小林紫織
定價：420元
26×19 cm‧80頁

雅書堂 *SEWING縫紉家30*
快樂裁縫我的百搭款手作
服：一款紙型100％活用
＆365天穿不膩！
作者：Boutique-sha
定價：420元
26×21 cm‧80頁

雅書堂 *SEWING縫紉家40*
就是喜歡這樣的自己‧
May Me的自然自在手作服
作者：伊藤みちよ
定價：450元
26×21 cm‧88頁

coser手作服

本圖摘自《Coser必看的Cosplay手作服×道具製作術》

雅書堂 *SEWING縫紉家7*
Coser必看的Cosplay
手作服×道具製作術
作者：日本Vogue社
定價：480元
29.7×21 cm‧96頁

雅書堂 *SEWING縫紉家12*
Coser必看のCosplay
手作服×道具製作術2：
華麗進階款
作者：日本Vogue社
定價：550元
21×29.7 cm‧106頁

雅書堂 *SEWING縫紉家26*
Coser手作裁縫師
作者：日本Vogue社
定價：480元
29.7×21 cm‧90頁